帰れない村

福島県浪江町「DASH村」の10年

三浦英之

JN030313

集英社文庫

目次

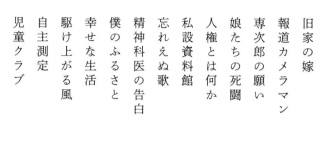

浪江町津島地区（旧津島村）——周辺地図

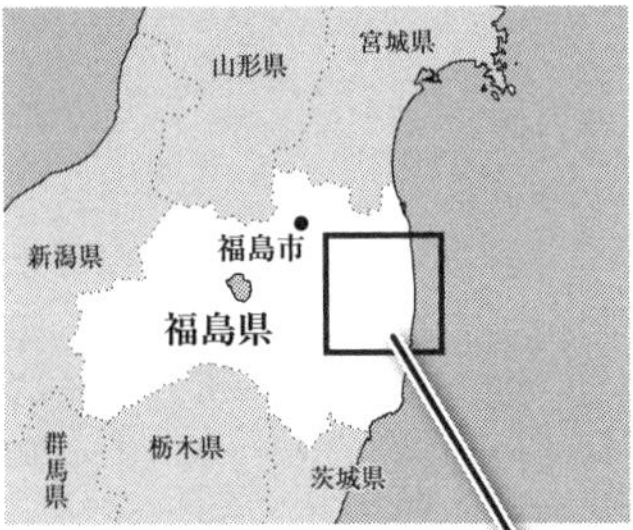

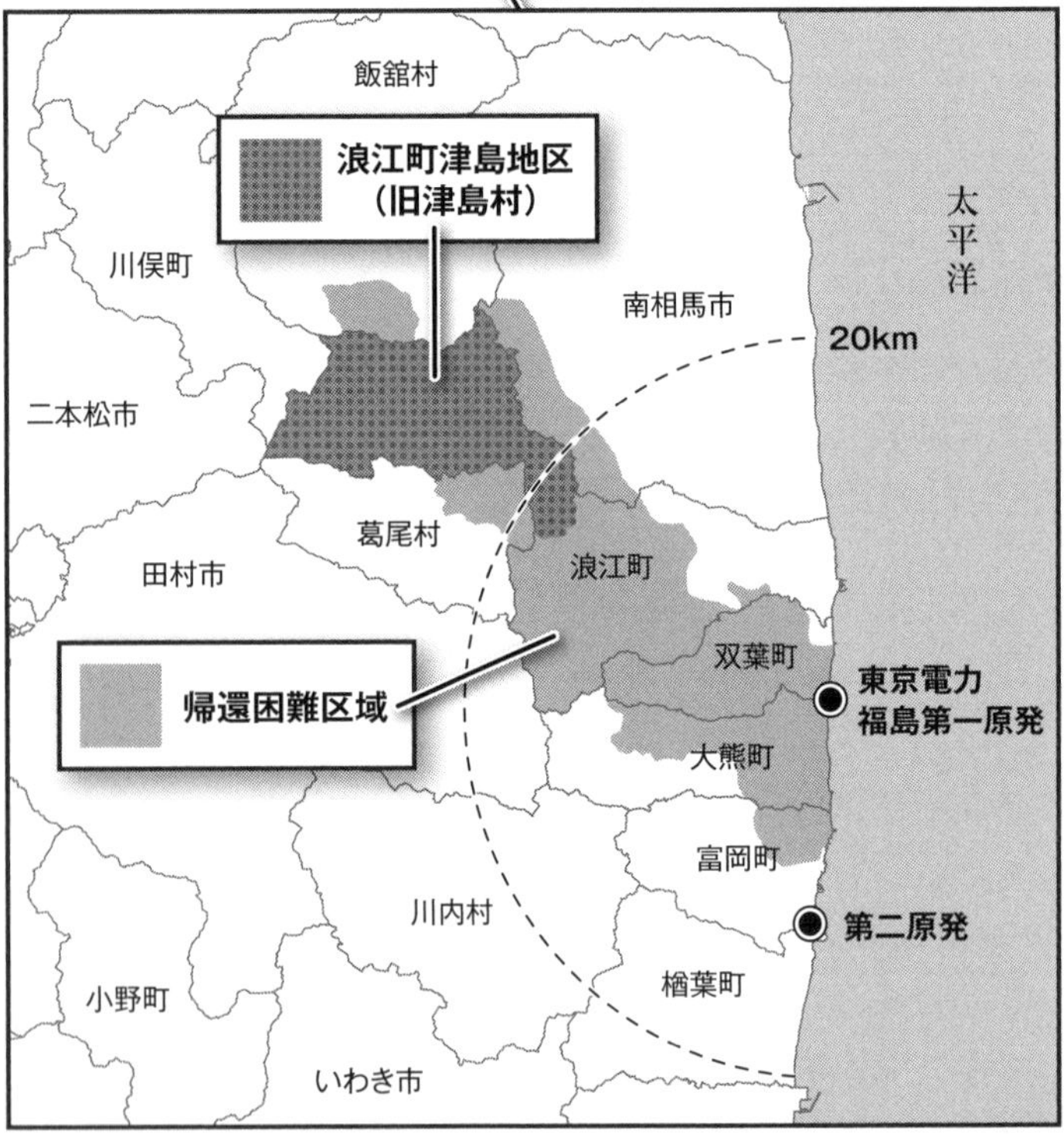

帰れない村

福島県浪江町
「DASH村」の10年

プロローグ――

帰れない村

君は知っているだろうか。
日本には人の住めない「村」があることを。

福島県浪江町にある「旧津島村」（現・津島地区）。

その旧村名は知らなくても、かつて日本テレビ系列のテレビ番組でアイドルグループ「TOKIO」が住み込んで農業体験をした「DASH村」と言われれば、あるいは耳にしたことがあるかもしれない。

番組ではファンに特定されないよう場所は秘密にされていたが、実際のロケ地は旧津島村にあった。

人口約一四〇〇人が暮らす、山間の小さな村だった。

そんな牧歌的な農村を二〇一一年三月、東京電力福島第一原発の事故が襲った。

40

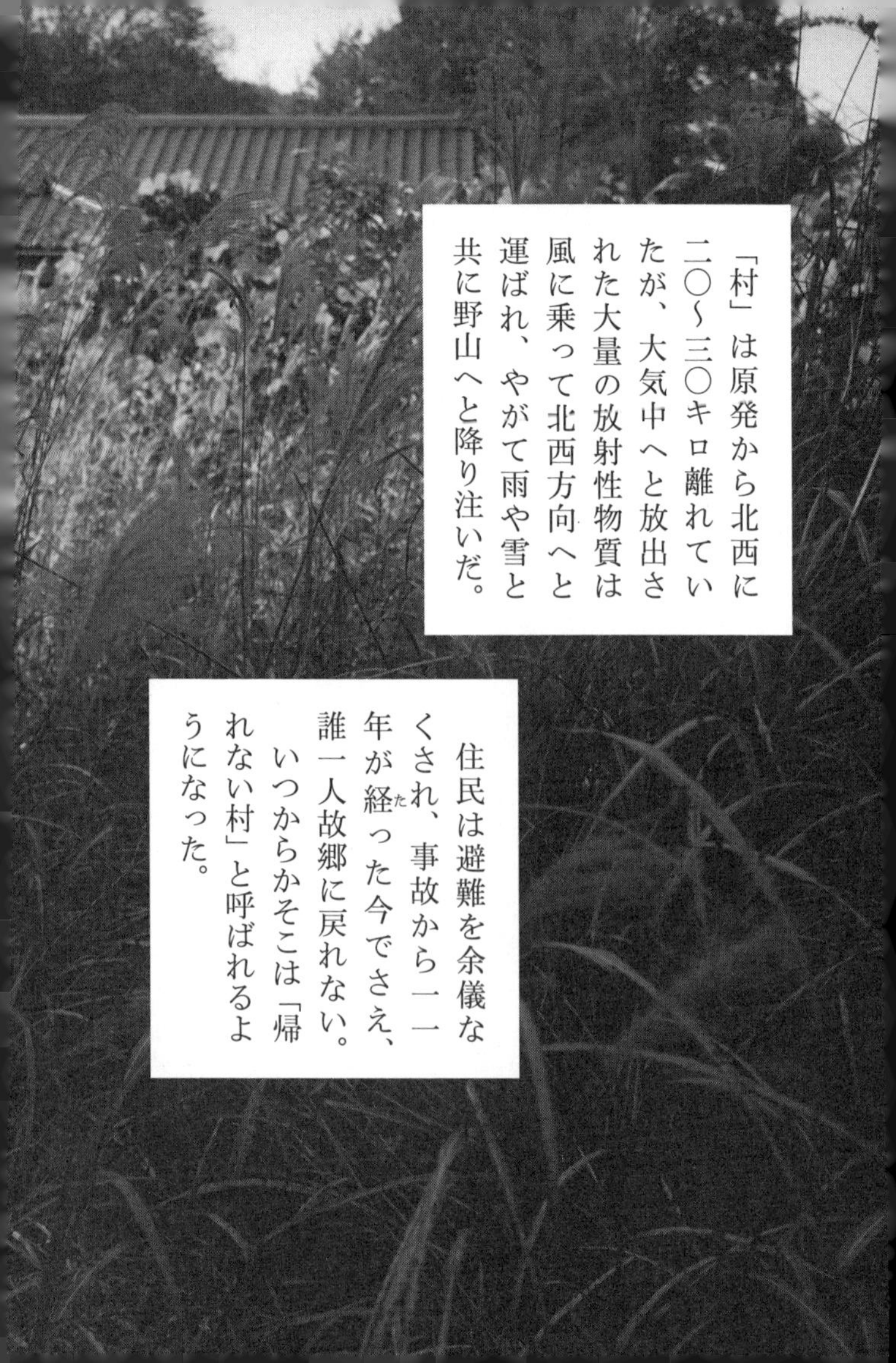

「村」は原発から北西に二〇～三〇キロ離れていたが、大気中へと放出された大量の放射性物質は風に乗って北西方向へと運ばれ、やがて雨や雪と共に野山へと降り注いだ。

住民は避難を余儀なくされ、事故から一一年が経《た》った今でさえ、誰一人故郷に戻れない。

いつからかそこは「帰れない村」と呼ばれるようになった。

「村」に一歩踏み込むと、朽ち果てそうな商店が背丈を超える枯れ草に覆われている。

民家の軒先からは突然巨大なイノシシが飛び出してくる。

まるで宮崎駿のアニメ映画「風の谷のナウシカ」や「もののけ姫」のような光景が目の前に広がっている。

4WD
SDX
480
43-93

29

旧津島村の入り口は、すべてバリケードで封鎖されている。事前に役所に申請を出して、指定の時間にバリケードを開けてもらう。
かつてそこで暮らしていた住民でさえも、役所の許可なしには「自宅」に帰ることができない。

僕たちはすぐに多くのことを忘れてしまう。

あの大震災だってきっとそうだ。
　一一年前、あれほど津波や原発事故の被災地の惨状に心を痛めたはずなのに、今ではもう新型コロナウイルスや日々の生活のことで頭がいっぱいになっている。

でも、それは仕方のないことなのかもしれない、と僕は思う。

僕たちには僕たちの生活があるし、人生を賭けて夢を追っている人もいれば、大切な人を守っていかなければならない人もいる。

「だって、私たちにできることなんて何もないじゃない」と言う人だっている。

そう、僕たちにできることはあまり多くはない。

だから、少しだけでいい。この小さな本を読み終わった後に少しだけ、福島について考えてほしい。今も自宅に戻れないでいる、「帰れない村」の人々に心の中でエールを送ってほしい。

「僕らはちゃんと知っています。日本には人の住めない『村』があることを」

そう知ってくれただけでも、彼らはきっと喜ぶはずだ。

なぜか?

彼らが一番恐れているのは、人々の記憶から消し去られることだからだ。

　彼らは、彼ら自身が生きているうちに、故郷には帰れないかもしれないと思い始めている。でも、たとえ故郷に戻れなくても、この先地図から消されるようなことになったとしても、「村」は人々の記憶の中で存続し続ける。

馬場靖子　撮影

彼らはそう信じ、「未来」に
すがりつくようにして「今」を
必死に生きている。

そんなこの国の現実《リアル》を伝えたくて、僕は三年半の間、「帰れない村」に通い続けた。
ペンとカメラと線量計を持って――。

帰れない村

二〇一七年秋—二〇二一年春

一〇〇年後の子どもたちへ

「一〇〇年は帰れないと言われてね……」

旧津島村にある赤宇木《あこうぎ》集落の行政区長・今野義人《こんのよしと》（七六）は、机に置かれた大学ノートの束に視線を落とした。

ページをめくると、無数のメモが細かな字で書き連ねられている。

原発事故の約半年後、赤宇木集落の住民を対象に国の説明会が開かれた。担当者は言った。

「このまま何もしなければ、一〇〇年は帰れないと思います……」

そうなのか、一〇〇年間も帰れないのか――。

義人は通告に打ちひしがれながら、二〇一四年秋、仲間と共に赤宇木の記録誌を作り始めた。

タイトルは「百年後の子孫《こども》たちへ」。

旧津島村に七つある集落のうち、赤宇木は八五世帯約二三〇人が暮らす美しい集落だった。秋にはお互いに収穫した作物を持ち寄り、小さな祭りを楽しんだ。

「誰もが故郷に思い出があるはずだ。本当に一〇〇年後に帰れるのなら、その思いを子孫に語り継がなければいけない」

そう思ったという。

避難生活を送っている住民に家族の歴史や記憶をつづったメモを郵送してもらい、返信ができない人には自らが避難先を訪ねて聞き取っていった。

編集作業にかかった時間は丸五年。深夜まで不慣れなパソコンに向き合い続け、協力者の力を借りてようやく脱稿にこぎ着けた。住民から借りた思い出の写真や全世帯のエピソードをちりばめた、Ａ４サイズ約六〇〇ページの大作だ。

「でも、なぜか悲しいのです」と義人は完成した原稿が映し出されたパソコン画面を見つめながら言った。

赤宇木の住民は現在約一九〇人。震災後、すでに約四〇人が亡くなってしまった。

「年を追うごとに、知人や親類が減っていく。赤宇木の記憶や故郷に戻りたいという思いも、同じように減っていくのだろうか」

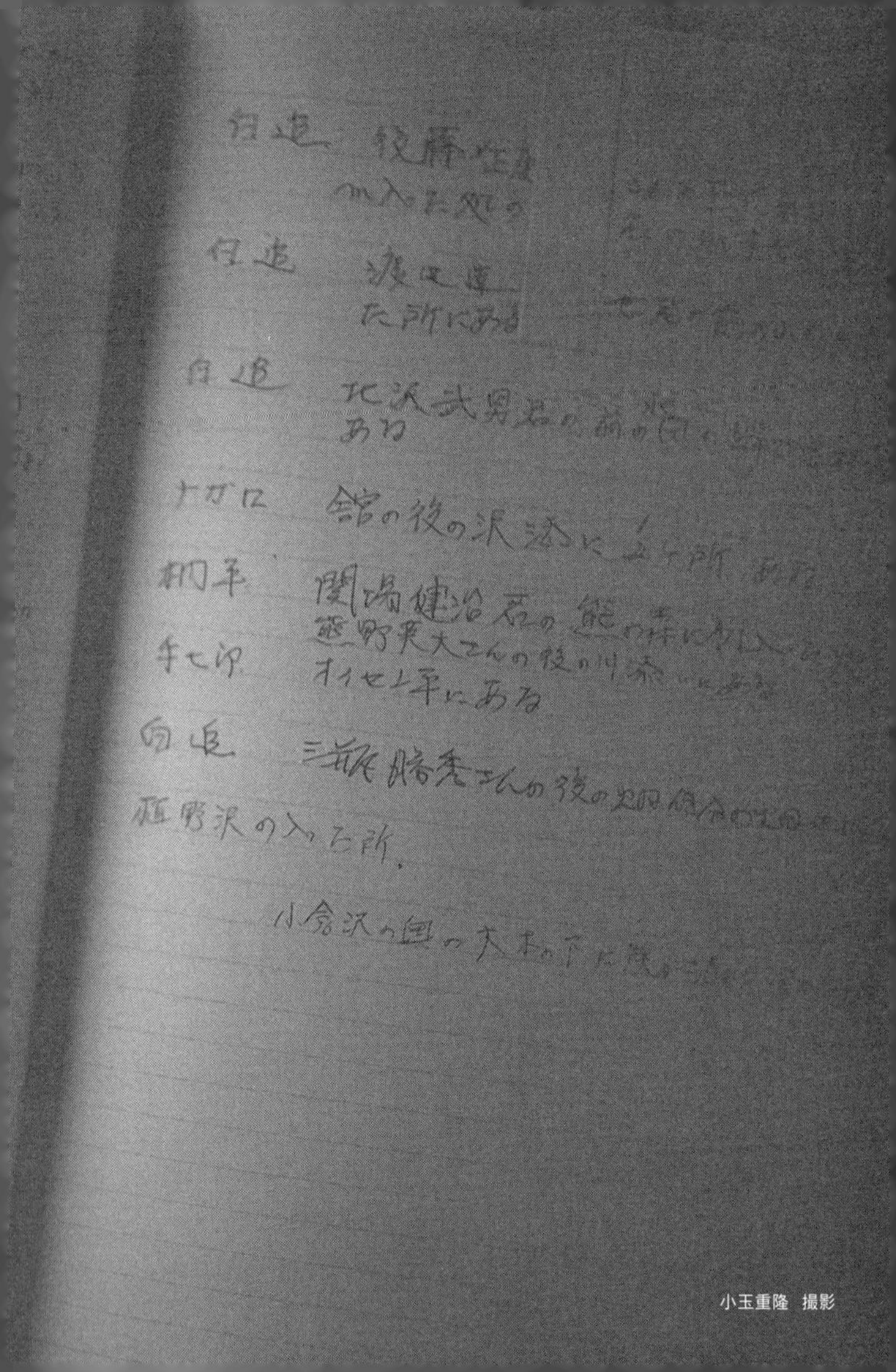
白追　斉藤佐
の入った処の
白追　渡辺達
た所にある
白追　北沢武男君の前の沢に
ある
ナガロ　館の後の沢沿いに
関場健治君の
遠野英夫さんの後の
オイセ上平にある
白追　三浦勝秀さんの後の
鹿野沢の入った所。
小倉沢の奥の大木の下に

小玉重隆　撮影

ホッンす（そうだ）
ホーズ（ぼうこん）
ホッタブ（ほっぺた）
ホーロク（お嫁入）
ホーセッタ（おとした）
ホーッタラ（とったら）
ホーエド（[illegible]）
ホコラ（そのあたり）
ホジグル（掘る）
ボッコス（こわす）
ボッコレル（こわれる）
ホッタブ（ほほ）
~~ホッペチ~~（裸切り）
ホデル（病気等が~~悪~~くなる）
ホドク（結んだものをほぐす）
ホドホド（ある程度
ホマツヂ（へそくり）
ホリッコ（小さな堀）
ボンクラ（馬鹿
ホンコ（[illegible]）
ボンおろ（国道）

マ

マツパンコ（交たい）
マール（まめる）
マガネ（[illegible]）
マチ（[illegible]せき）
マチル（安くする、値引き）
マツ（[illegible]）
マンヨク（足しにならない）
[illegible]（早速）

マセコゼ（混合）
マデー（ていねいに大事に）
マッテロ（待っていろ）
マッテル（まつよ）
マーツグ（まっすぐ）
まなぐ（目）
まぶる（まっている守り）
まめで（こまごまとめる）
まるく（たばねる）
まんま（ごはん）

ミ

ミダグネ（みにくい）
ミダグナリ（〃
ミズアビ（川でおよぐ）
ミツクリ（しっかり）
ミバ（見映え）
ミミクソ（ミミアカ）

ム

ムガ（むり）
ムキナツ（ソッケない ブアイソウ）
ムグス（もらす）
ムサムコ（むやみに）
ムスイ（なかなかへらない）
ムダマツ（なんにもならなかった）
ムル（もれる）

メ

メおとした（死んだ）
メクジラ（その事に強くいう）
メクソ（目やに）
メッケダ（みつけた）
メド（穴）

メッケモノ
メッコ（
メッコメッ（
メロ（
モ
モエ 芽
モギタテ（取
モギル（取
モカット（
モチヤグル（
モヅル（
モダ（
モッキリ（
モッコ（
モモタ（モモ
ヤ
ヤハ（弱
ヤバッシェ（行
ヤベ（行こう
ヤモック（
ヤケオコス（
ヤセウス（
ヤザンボ
ヤッカイ（
ヤッカム（
ヤッカラ（
やっきり（
ヤカラ（
やっぱ（
やっぺ（
ヤナサ

立ち上がる雲

「原発が危険な状況に陥っているなんて、夢にも思いませんでした」
前浪江《なみえ》町長の馬場有《ばばたもつ》（享年六九）は死の直前、僕の取材にせき込みながら答えた。
胃ガンで他界する、約二カ月半前のことだった。

東日本大震災が発生した二〇一一年三月一一日、浪江町沿岸部には大津波が押し寄せ、町役場は津波や地震の被害への対応に追われた。停電が続き、携帯電話もつながらない。国や福島県、東京電力からは情報が一切寄せられなかった。

八キロ先の福島第一原発が危機に陥っていると知ったのは一夜明けた三月一二日午前五時四四分。椅子で仮眠を取っていた馬場が目を覚まし、発電機で視聴可能になったテレビを見たとき、政府が第一原発から半径一〇キロに避難指示を出したことを知った。

「まさか、原発が……」

一〇キロ圏内には町民の約八割、約一万六〇〇〇人が暮らしている。すぐさま災害対策会議を開き、原発から二〇キロ以上離れた旧津島村に避難することを決めた。

三台のバスによる町民の輸送が始まった。馬場が町役場を離れた直後の午後三時三六分、南東で原発の１号機が水素爆発する音を聞いた。まるでジェット機が墜落したような音だった。

避難先となった旧津島村には約八〇〇〇人の町民が身を寄せ、近隣の住民が総出で炊き出しや避難者の世話に当たっていた。翌日、避難所の周囲で防護服を着て放射線量を測定している男たちに遭遇する。「町民が怖がるので、やめてもらえませんか」と申し入れても、聞き入れてもらえない。

「もしかすると、この地域はすでに放射能で汚染されているのではないか」

馬場の予感は的中していた。事故で発生した放射性雲は原発から旧津島村がある北西方向に流れていた。馬場は結果的に住民を放射線量の高くなる地域へと避難させてしまっていたのだ。

国が所管する「SPEEDI」（緊急時迅速放射能影響予測ネットワークシステム）は、放射性物質が北西に飛散することを予測していた。しかし、国は結果を浪江町には伝えず、福島県も結果をメールで受け取っていながら、伝えなかった。

馬場は取材に悔しそうに言った。

「放射能の汚染予測がわかっていたら、私は町民を津島には逃がさなかった。国や県の行為は『殺人罪』にあたるのではないでしょうか」

福島中央テレビ　提供

最後の写真

「これ、貴重な写真だと思いませんか?」

福島市で避難生活を続ける看護師今野千代《ちよ》（六八）が一葉の写真を見せてくれた。

時計の針は午後四時少し前。医師を囲んで看護師たちが笑っている。

「震災直後の三月一一日の写真です。研修医の勤務の最終日で、お昼にお別れ会をやって直後に大きな揺れに襲われて。さよならの前に写真をパシャッと。診療所で写した最後の写真になりました」

福島第一原発から北西に約三〇キロ。三七年間勤務した旧津島村で唯一の医療機関「津島診療所」に沿岸部から多くの人が押し寄せてきたのは、震災翌日の二〇一一年三月一二日の早朝だった。原発が危機的状況に陥り、政府が早朝、原発の半径一〇キロ圏内に避難指示を出していた。

避難者の数は約八〇〇〇人。着の身着のままで避難してきた高齢者たちは持病の薬を求め、診療所の前に長い列を作った。医師の処方に応じて薬を手渡す。普段なら四〇人程度の患者数がこの日だけで三三〇人を超えた。

三月一二日の午後には第一原発の1号機が水素爆発し、三日後の一五日には「診療所を閉鎖して津島地区からも避難するように」との指示を受けた。

約一三キロ離れた二本松市の東和地区に避難したところ、寝たきりの高齢者ら約二〇人が公共施設の床に雑魚寝させられていた。「このままでは死んでしまう」と施設の片隅に臨時の診療所を開設し、医師と一緒に治療に当たった。

「何もかもが、もう夢中で……」

二本松市の運動場に移設された診察所に一年半勤め、定年退職した。

今は体を休めながら、県内外に散らばって暮らしているかつて受け持った旧津島村の患者を案じている。

携帯電話を持っていない高齢者が多く、連絡を取り合えない。持病の薬は飲んでいるだろうか。体調は悪化していないだろうか。

震災後、新聞購読を始めた。死亡欄の名前をチェックするためだ。

「津島では誰かが亡くなればすぐに気づけた。原発事故以降、そんな『当たり前』のことでさえ、わからなくなってしまった」

今野千代　提供

呼吸器系

降り積もった雪

夕方から降り続いていた霧雨が雪へと変わった。

東日本大震災の発生から五日目の二〇一一年三月一五日夜、旧津島村にある下津島集落で行政区長を務める今野秀則《ひでのり》（七三）は、外でたばこを吸いながら、ゆっくりと舞い降りてくるぼたん雪を眺めていた。

「もしかすると、この雪にも放射性物質が含まれているのかもしれないな」

浪江町中心部には避難指示が出され、山側の旧津島村には多くの避難者が押し寄せてきていた。秀則は避難者の世話に忙しくしながら、その日、津島にも町の避難指示が出されると、集落で逃げ遅れた人がいないかどうかを確認するため、夜は集落に居残った。多くの住民が避難した後の、しんと静まりかえった真っ暗な集落。たばこの火だけがボォとともった。

「チェルノブイリのようになるのかな」

現実感のない、夢の中にいるような気分。

この日降った雪や雨によって故郷が高濃度の放射能で汚染されたことを知らされたのは、それからずっと後のことだった。

翌朝、周囲には一〇センチ近い雪が降り積もっていた。福島市の妻の実家に避難し、風呂を浴びて夕食を食べたとき、ふと、「もう津島には戻れないかもしれない」と思い、妻と車で自宅に戻った。

後から再生できない物を、と持ち出したのは、家族の思い出を詰め込んだ一〇三冊のアルバム。

保健所から引き取って育てた愛犬リリーは泣く泣く放した。

一カ月後に無事保護できたものの、四年後の冬の大雪の日、リリーは下血で雪を真っ赤に染めて死んだ。

「申し訳ない気持ちです。高線量の土地に一カ月も放置したのですから」

今野秀則　提供

一〇三歳の記憶

おばあちゃんは、もう覚えていない。

七〇年以上過ごした旧津島村・赤宇木集落の暮らしを。田畑を開墾し、必死に子どもを育てた日々を。


「忘れたあ、もう忘れちゃった」

旧津島村、最高齢一〇三歳の三浦ミン。

長男と一緒に避難生活を送る福島市の民家の介護用のベッドで横たわりながら、時間をかけて記憶をたどる。


二年前（二〇一八年）に取材したときには、もう少し覚えていた。大好きなカップラーメンを食べながら、昔の話をしてくれた。

福島県川俣町《かわまたまち》で生まれ、旧満州（現・中国東北部）に渡った。敗戦直前に帰国し、農業の夫と結婚。赤宇木集落の開拓団に参加した。

森林を切りひらき、田畑を作ってアワや芋を育てた。暮らしは貧しかったが、それでも必死に五人の子どもを育て上げた。

「子どもを育てるのが楽しかった。可愛《かわい》いでしょ、子どもは」

つらいこともあった。

「いつだったかな、村の人に『三浦さんのところは米が食えないから、人間じゃない』って子どもの前で悪口を言われた。悔しくて、悲しくて、何日も泣いた。そんなこと言っちゃいけないよね、米が食えないから『人間じゃない』なんて……」

そんな喜びや悔しさも、今はもう思い出せない。

記憶の手がかりを探りたくて、僕は赤宇木にあるミンの自宅を訪ねた。

集落から遠く外れた一軒家。台所には愛用していた調理器具が残され、寝室のベッドの脇には西洋人の女の子の人形が置かれていた。

「人形、好きだったんですか?」

介護ベッドに横たわるミンに尋ねると、「思い出せない」と柔らかく笑った。

最後にぽつり、こう言った。

「(私の人生は)良かったよ。放射能が来るまでは……良かったよ」

小玉重隆　撮影

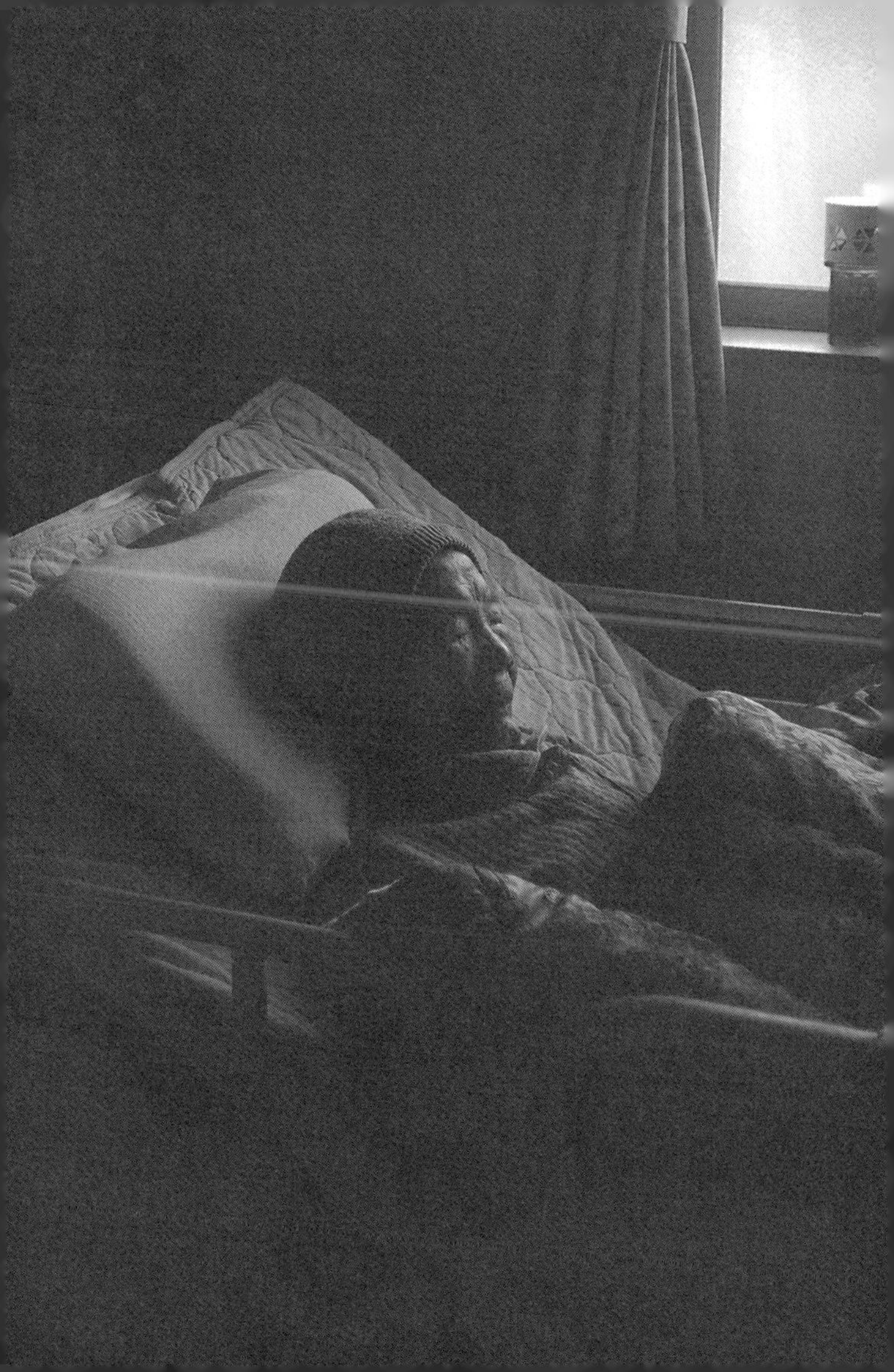

ジャングルの家

「まるでジャングルみたいだわ」

福島市で避難生活を送る旧津島村の酪農業今野美智雄《みちお》（五九）と妻の津子（五九）は八月上旬、約一年ぶりに赤宇木集落の自宅を訪れた。

車を降りて足を止める。二〇〇二年に新築した我が家が背丈ほどもある夏草に埋もれていた。

「あんなにきれいだったのに……」と津子は庭を見渡してうつむいた。

約六〇種、一〇〇株以上のバラを植え、夫婦でガーデニングを楽しんだ自慢の庭。今はもう生い茂る雑草で立ち入ることさえできない。

首を振りながら言った。

「もう戻っては来られない。この庭を見ているとそう思うわね」

「牛舎の方を見に行ってみますか」と美智雄が僕を振り返って言った。

父の代から始めた酪農業を継ぎ、震災直前は一六頭の牛を飼っていた。搾乳、えさやり、牛舎の掃除。午前六時半から午後八時半まで忙しく働いた。酪農が好きで、体が動く限り仕事を続けていこうと考えていた。

しかし……。

原発事故後は牛乳の出荷が停止され、搾乳した生乳は泣く泣く捨てた。牛を引き取ってくれる牧場を探し、何頭かは食肉用として処分した。そして九年半の避難生活。まさか津島に戻れなくなるなんて思いもしなかった。

自宅のある赤宇木は震災直後、国の担当者から「一〇〇年は帰れない」と言われた地域だ。避難指示の解除が予定される特定復興再生拠点区域にも含まれず、帰還の見通しがまるで立たない。

毎日仕事に明け暮れた懐かしの牛舎もやはり、夏草にじゃまされて立ち寄れなかった。進みたくても、前に進めない。

「なんだか、今の俺を表しているみたいだな」

一人の酪農家の前で、夏草が緑の壁のように立ちはだかっていた。

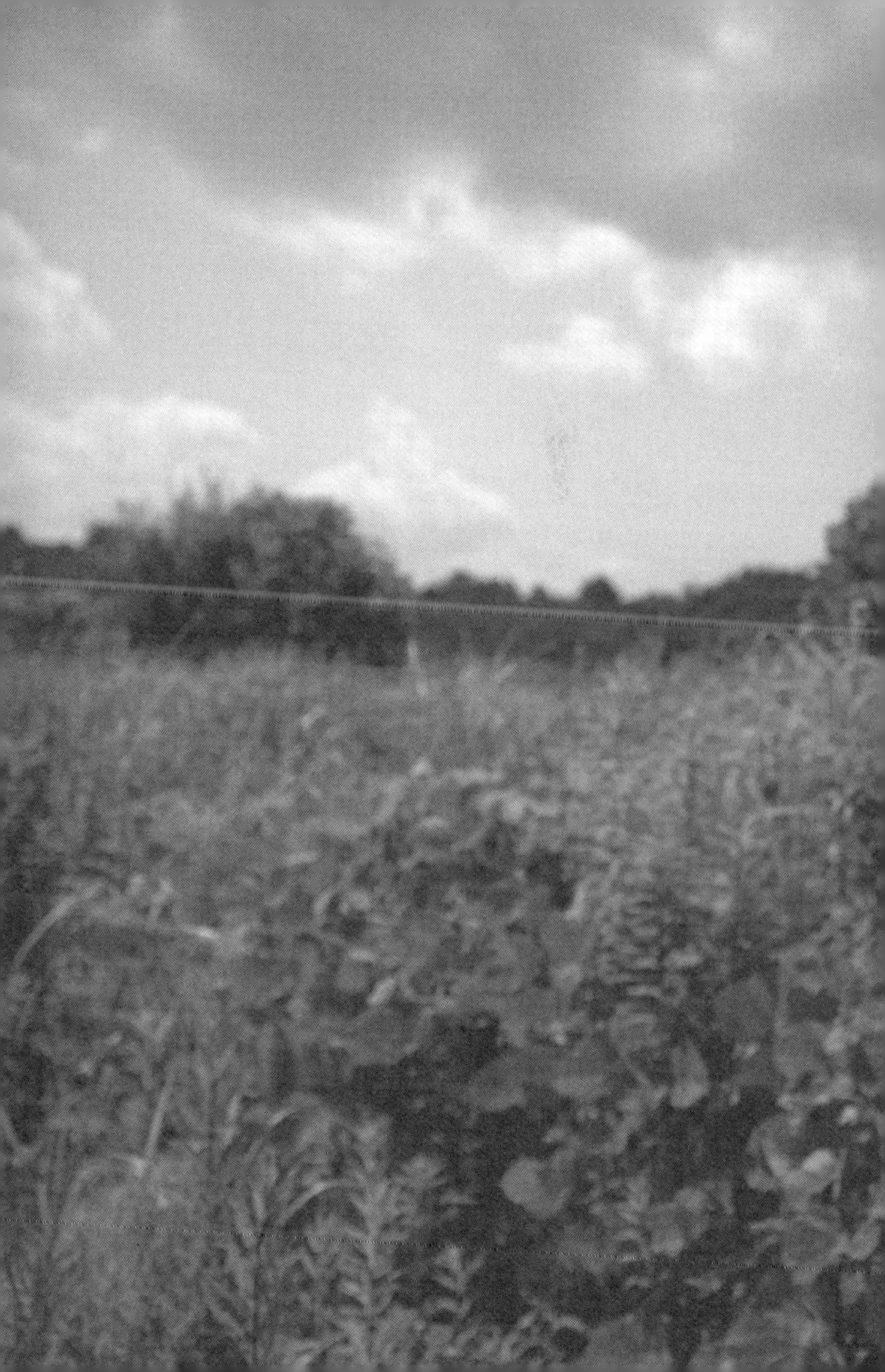

自衛隊員の息子

今も二〇一一年の夢を見る。

佐々木やす子（六六）は毎月、避難先から旧津島村のお墓の掃除に通い続ける。

二〇一一年の正月は津島で一家だんらんを楽しんだ。息子二人は習志野《ならしの》駐屯地で働く自衛隊員。一月二日夜、やす子が車で習志野まで送っていった。

ところが翌三日朝、次男が千葉県内の病院に搬送されてしまう。悪性のガンだった。手術を受けたが、全身に転移しており、医師からは「厳しい」と宣告された。

やす子は病院に泊まり込みで次男の看病を続けた。すると二月一八日、今度は津島の自宅で肝硬変を患っていた五八歳の夫が吐血して亡くなった。

主治医が「次男に伝えるには、ショックが大きすぎる」と判断したため、やす子は次男には夫の死を伏せて、津島の自宅に帰宅した。葬儀や納骨を済ませて病院に戻ると、

「何があったの？　顔を見ればわかるよ」と次男から何度も説明を求められた。

「お父さんが死んだの」

主治医に立ち会ってもらってそう伝えると、次男は頭から布団をかぶり、声を押し殺

して泣いた。やす子は布団の上から次男を抱きしめることしかできなかった。

「津島に帰りたい。お父さんの墓参りに行きたい」

その日以来、次男はしきりに帰郷を求めるようになった。少しでも故郷に近い場所へと、津島から約四〇キロ離れた郡山《こおりやま》市の病院に転院したのが三月八日。その三日後に原発事故が起きた。

次男は必死に治療に取り組んだ。しかし、自宅のある昼曽根《ひるそね》集落には原発事故で大量の放射性物質が降り注ぎ、立ち入りができない。

「津島に帰りたい。お墓の前で、お父さんと話がしたい」

そう願い続けながら、次男は八月一一日、二一歳で亡くなった。やす子は次男の願いをかなえようと夫と同じ墓に納骨したが、立ち会いを頼んだ住職には「放射線量が高いので、行けません」と断られた。

あれから一〇年。同居していた義母は二〇一八年に、義父は二〇一九年に他界した。

「二人とも死の直前まで『津島で死にたい』と望みながら死んでいきました」

墓石に刻まれた四つの名前を見つめながら、やす子は疲れた表情でつぶやいた。

「私もこのお墓に入りたい。でもそのときに、私は津島に帰れているのでしょうか」

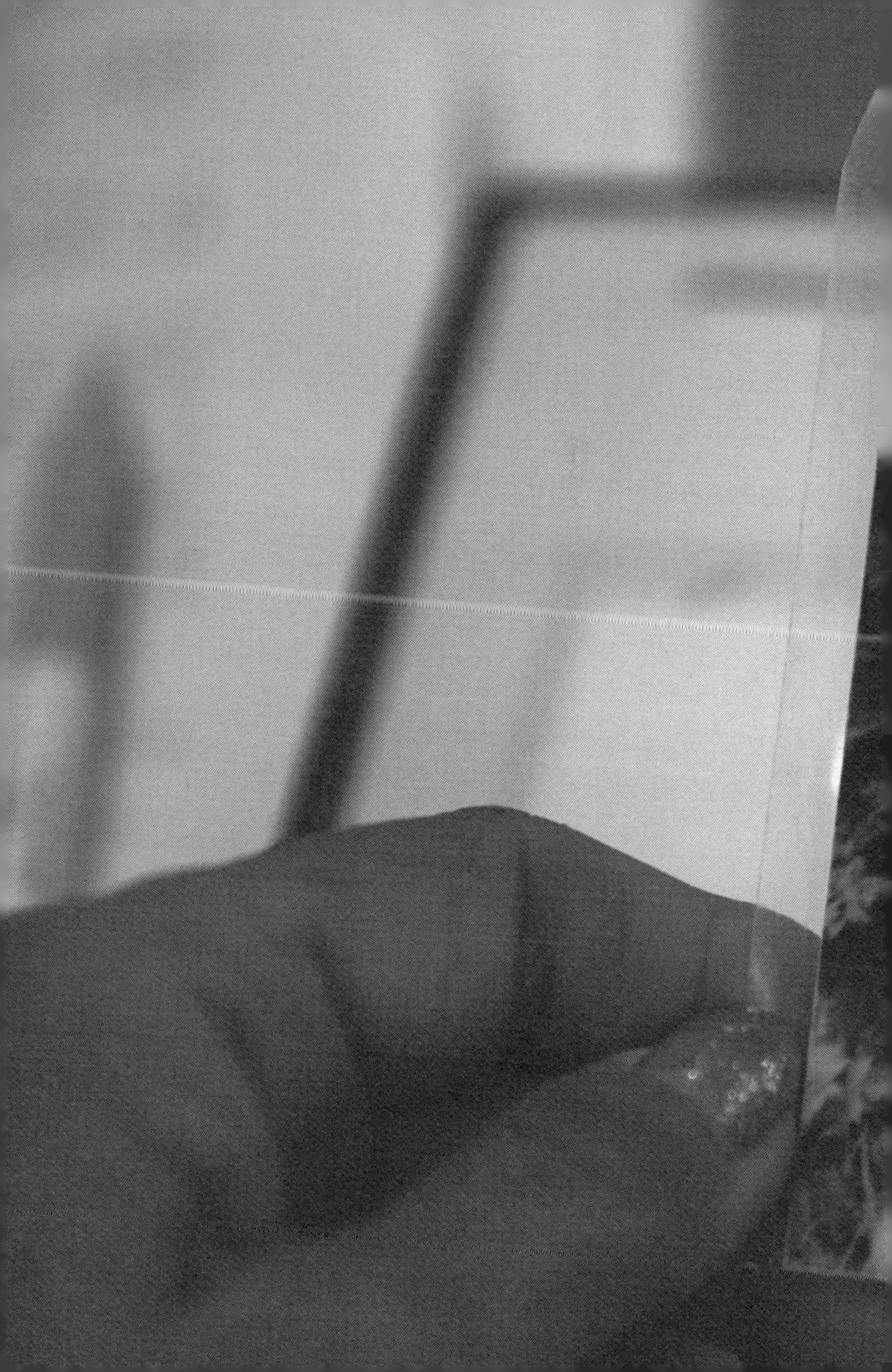

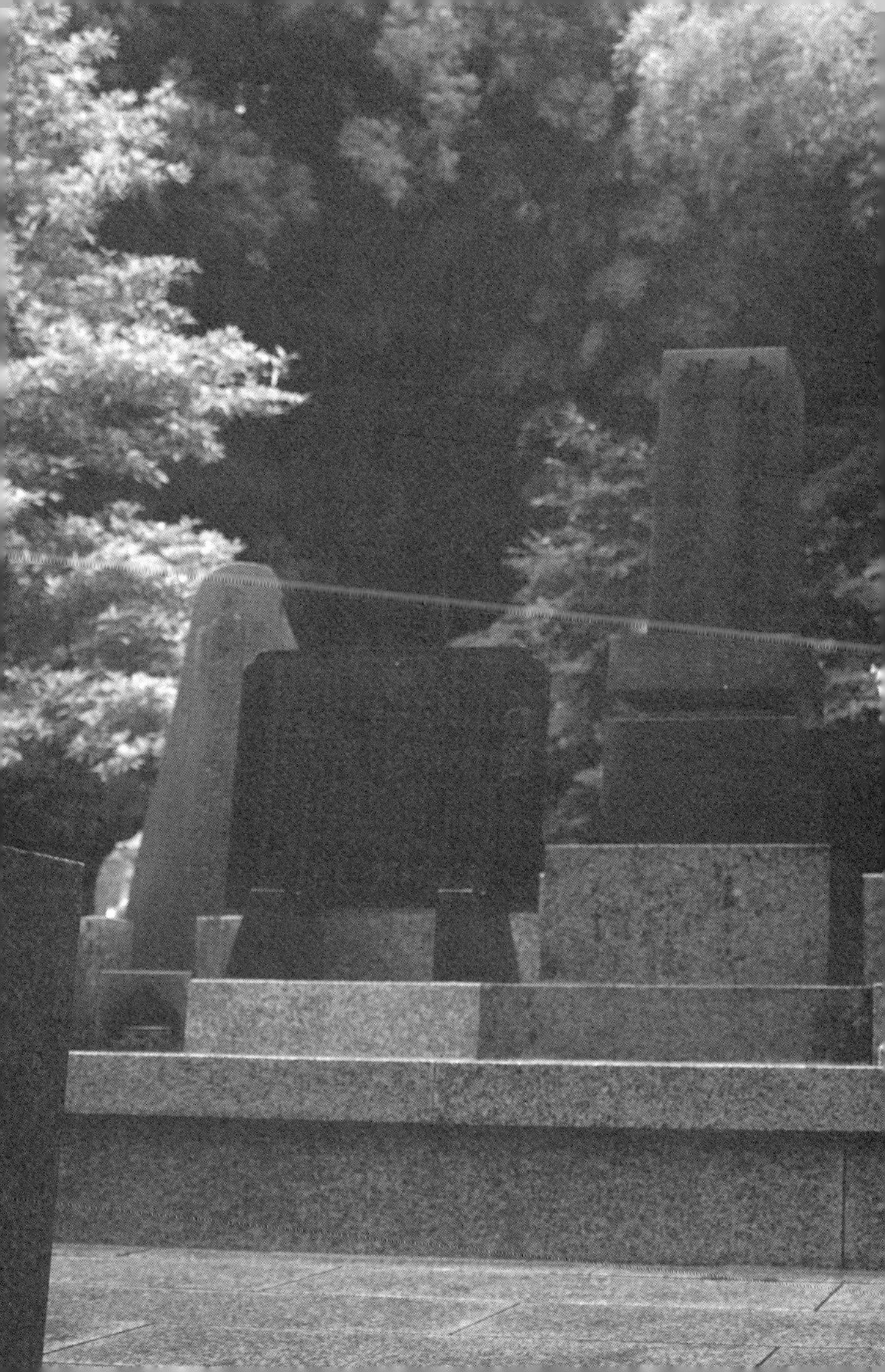

科学者の意地

「福島県内の山菜を食べても大丈夫でしょうか？」

「公園で子どもたちを遊ばせても問題ありませんか？」

福島県二本松市で開かれた市民のための放射線学習会。参加者の疑問に講師を務める獨協《どっきょう》医大准教授の木村真三《しんぞう》（五三）は平易な言葉で答えていく。

「市販されている山菜や、市が開放している公園であれば問題ありません。一方、山林の放射線量については、すぐには減らないことも理解してください」

原発事故で放出されたセシウム１３７が、半分に減るまでの期間（半減期）は三〇年。

「でも、山林の場合、土壌にしみこんだ放射性物質を樹木が根から吸い上げ、それが葉に移動して地上に落ちる。その循環によって地表に放射性物質が濃縮され、三〇年たっても地表の線量が半分になるとは限らないのです」

二〇一一年三月一一日は、川崎市の労働安全衛生総合研究所に勤務していた。福島第一原発の事故を知った直後、放射線測定の必要性を研究者にメールし、三月一五日にはＮＨＫの取材班を連れて福島県内に乗り込んだ。

毎時三〇〇マイクロシーベルトまで計れる測定器の針が振り切れる場所が何カ所もあ

った。三月二七日、別行動していたNHK取材班から報告を受けた。

「(旧津島村の) 赤宇木集落の集会所に、まだ一〇人くらいが避難している」

翌三月二八日に集会場に出向いて測定してみると、駐車場で毎時八〇マイクロシーベルト、集会所内で毎時二五～三〇マイクロシーベルトもあった。

住民に数値を示し、訴えた。

「すぐに避難してください。人が住める放射線量ではありません」

以来、生涯を通じて原発事故に向き合おうと決め、二本松市にある国際疫学研究室・福島分室の室長として、福島県内の放射線量などの測定を続ける。

二〇二〇年七月には、旧津島村の住民が起こした「津島原発訴訟」に証人として出廷し、当時の状況などを証言した。

「本音を言えば、(山に囲まれた) 津島には人は住めないと思う」

僕の取材につらそうに語った。

「でも『住めない』と言った瞬間に、津島の人を切り捨てることになる。住めない場所をどうやって住めるようにするか。そこまで行政や私を含めた科学者は責任を負わなければいけない」

土壌100cm高

データ収集
スイッチB
通常
ON
CF書込みPHA 1号機

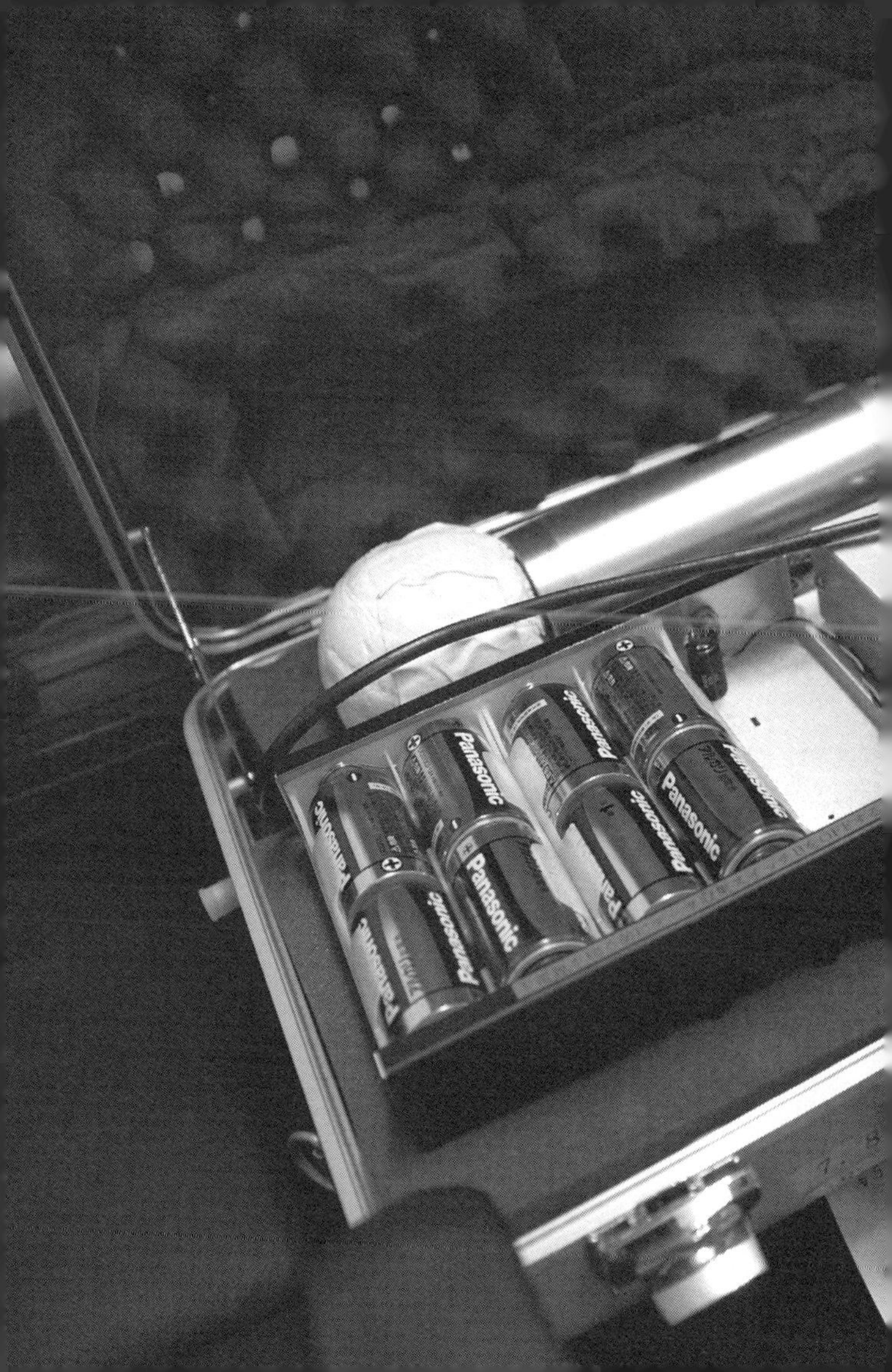
Panasonic

開拓者たちの土地

「私、無罪なんて到底信じられないわ」

二〇一九年秋、東京地裁で東京電力の旧経営陣三人に無罪判決が出されたというニュースが速報されると、三瓶春江《さんぺいはるえ》（六〇）は席を立ち上がって小さく叫んだ。その日は偶然、福島地裁郡山支部でも「津島原発訴訟」の口頭弁論が開かれており、旧津島村の住民が近くの集会場に集まって判決の行方を見守っていた。

「こんなにも大きな事故が起きたというのに、国も東電も責任を取らない。裁判所も無罪だって言う。一体、誰が悪かったって言うのよ？　住民？」

旧津島村・赤宇木集落の出身。戦後、旧満州（現・中国東北部）からの多くの帰還者を受け入れた地域だ。津島全体で約三〇〇戸が入植し、その多くが赤宇木に入った。春江の両親も旧満州からの帰還者だった。

戦時中、憲兵だった父（享年六九）は母（同八九）と結婚して旧満州に渡った。敗戦後、父はシベリアに抑留され、母は密航船で日本に帰国。数年後に父が福島に戻り、春江が生まれた直後の一九六〇年、一家八人で開拓団として赤宇木に入った。

極貧の生活が長く続いた。木を切って炭を焼き、開墾した畑でジャガイモや葉タバコを作った。白いご飯を食べられるのは客が来たときだけ。毎日、雑炊やトウモロコシを食べていた。

原発事故はそんな両親が命がけで開墾し、生活をつないだ土地を奪った。父は一九八四年に死去。母は原発事故の翌年、福島市で避難生活を送りながら「このままだと家族がバラバラになってしまう」と嘆いて他界した。

両親が命がけで開墾した土地は今、背丈ほどのススキに覆われている。秋、防護服を着て春江の実家を訪ねてみた。

放射線量は毎時約三マイクロシーベルト。胸にぶら下げた線量計が「ピーピー」と不快な警報音を響かせる。

「ねえ、三浦さん、伝えて」と春江が言う。

「今回の事故で苦しんでいるのは、今を生きている私たちだけじゃない。この土地で亡くなった多くの先人たちの思いも踏みにじっているのだと」

憲兵

窓際のメッセージ

帰還困難区域のバリケードを越え、人気《ひとけ》のない商店街に足を踏み入れると、辛辣な文面の筆書きがいくつも窓際に掲示されていた。

〈仮設でパチンコできるのも／東電さんのおかげです／仮設で涙流すのも／東電さんのおかげです／東電さん／ありがとう〉

書いたのは福島県須賀川《すかがわ》市で避難生活を送る今野洋一《よういち》（八〇）。一時帰宅で津島地区に戻るたびに、そのときの思いを紙にしたため、自宅の窓ガラスに張り出してきた。毛筆を使ったのは、透析患者だったからだという。

「ボールペンだと手が震えてうまく書けねえ。筆だと、ちょうど良くてな」

商店を経営していたが、三〇代で腎臓を患い、人工透析の生活に。震災直後は知人が何人も自宅に押し寄せ、避難後も病院を転々として治療を続けた。

なぜ、こんな目に遭わなければいけないのか――。

事故を起こした東電が憎らしくて、二〇一一年に次のような文面を張り出した。

〈放射能体験ツアー大募集中　東電セシウム観光　先着一〇〇名無料〉

しかし、そんな心境が徐々に変化していく。

東電の社員が仮設住宅を土下座しながら回っているのを見た。「あいつらも大変だな」と思うと、東電への批判を記せなくなった。

震災二年後の一時帰宅の際にはこう記して張り出した。

〈今日も暮れゆく仮設の村で／友もつらかろせつなかろ／いつか帰る日を想《おも》い……〉

自宅は二〇二〇年に取り壊された。もう筆書きを張り出す窓もない。

「今だったら、どんな文章を書きますか」と尋ねると、笑いながら言った。

「何十年も同じ土地で暮らし、人生の最後に突然、故郷から引きはがされた人間の気持ちがわかるか？　賠償金をもらってパチンコもやったが、楽しいことなんて何もねえ。俺はただ、自分の家に帰りたいだけだ」

後日、わざわざ電話を掛けてきて、こう改めた。

「もう九年半も過ぎたんだ。東電も住民もお互い様だ。俺は恨んでなんかいねえ。そんな風に書いてもらえねえか」

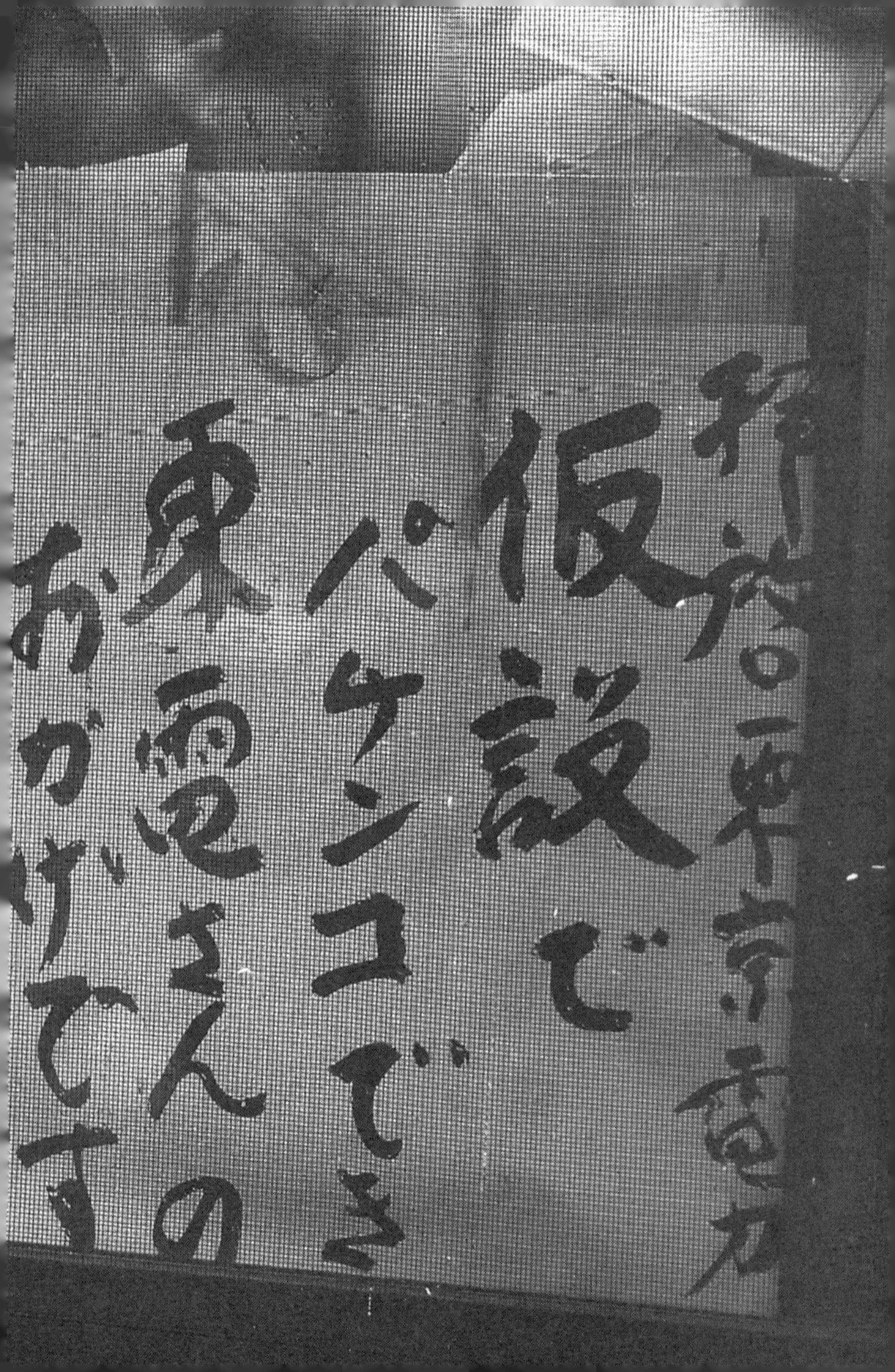
仮設で
パチンコでき
東電さんの
おかげです

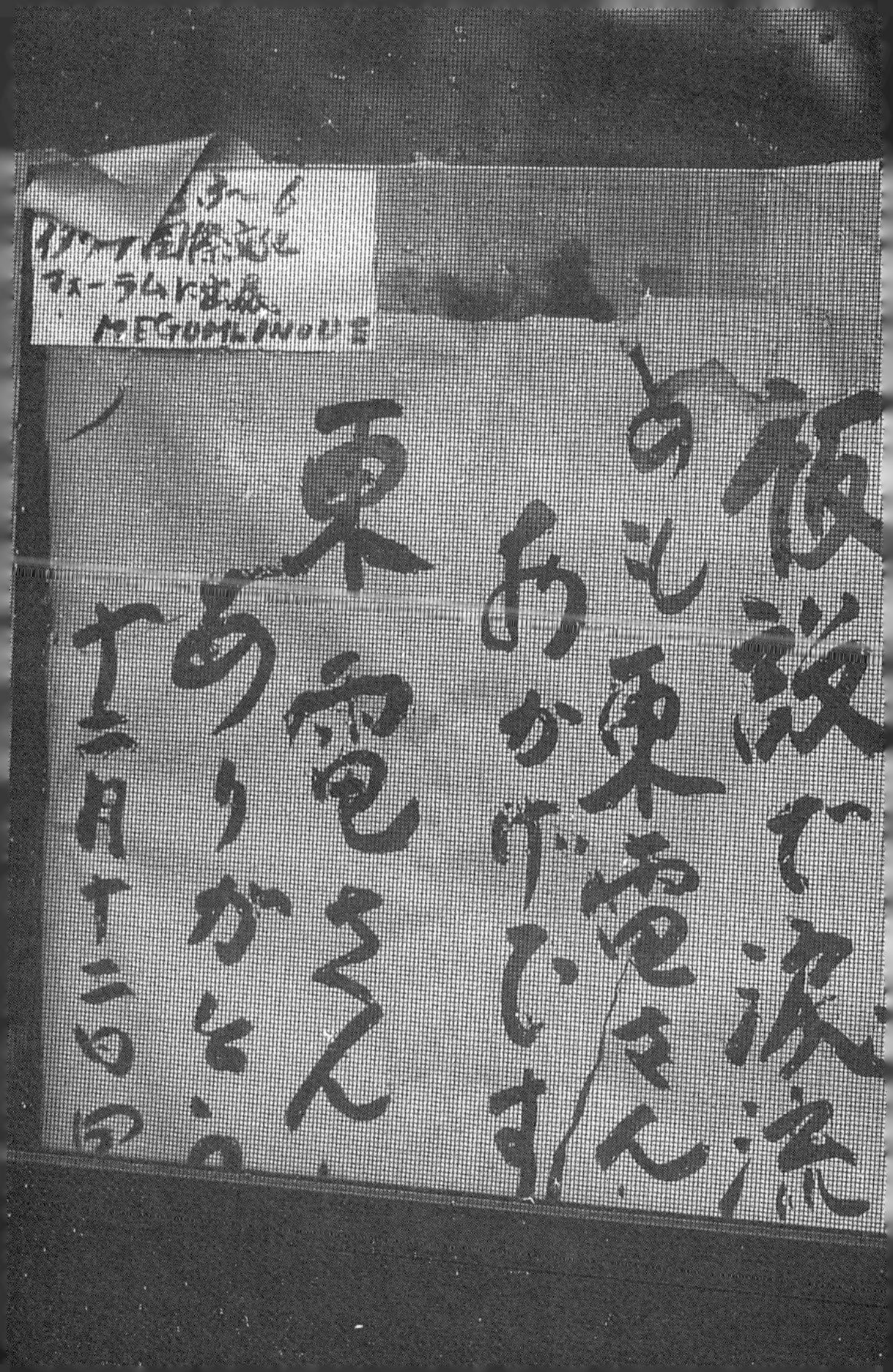

フォーラムに出展
MEGUMI INOUE
東電さん
ありがとう
十二月十三日

放射能体験ツアー
大募集中!!
楽しいホットスポット巡り
東電セシウム観光
今日も暮れ
仮設で
パチンコできるのも
東電さんのおかげです
東電さんよ
ありがとう

八〇〇マイクロシーベルト

「驚きましたよ。累積八〇〇マイクロシーベルトですからね」

旧津島村の医療機関「津島診療所」の医師だった関根俊二《せきねしゅんじ》（七八）は原発事故当時をそう振り返り、空を仰いだ。

一九九七年、福島県郡山市の病院から旧津島村の診療所に単身赴任した。渓流釣りが好きで、最後は僻地《へきち》医療に携わりたいと考えていた。

任期が終わるまであと数年だった二〇一一年、東日本大震災が起きた。

地震による診療所の被害はほとんどなかった。郡山市内の自宅に帰宅していた三月一二日朝、「原発が危険な状態になり、浪江町の住民が津島地区に大勢避難してきています」と診療所の事務職員に電話でたたき起こされた。

急いで診療所に戻ると、着の身着のままで逃げてきた避難者たちが持病の薬を求め、長い列を作っていた。病名や症状を聞いても、普段処方されている薬まではわからない。一日三〇〇人以上の患者を診察し、やがて薬が足りなくなった。

三月一五日午前には、診察を中断して自らも津島から避難するよう指示された。救急車がないため、消防車の荷台に布団を敷いて重篤な患者を搬送した。

その後も二本松市の施設で臨時の診療所を開設し、避難住民の診察に当たった。

四月、身につけている医療用のガラスバッジの値を聞いて驚いた。普段はゼロなのに、三月だけで「累積八〇〇マイクロシーベルト」。国が長期目標としている追加被曝《ひばく》線量「年一ミリシーベルト」の約八割をわずか数日で浴びた計算になる。

津島の放射能汚染は、三月一五日夕から一六日朝に降った雪や雨が主な原因だと後に聞かされた。でも、自身が津島にいたのは三月一一日から一五日午前までで、一五日夕にはもう津島を離れてしまっている。

「三月一五日の前にも津島には多量の放射性物質が降り注ぎ、私と同じように被曝した住民がいたのではないでしょうか」

現在は約二五キロ離れた二本松市の仮設診療所で避難住民たちの診療を続ける。

津島で診察していた頃とは、症状が大きく異なる。

「津島にいた頃は畑仕事などで忙しくしていた人が、被災後は災害公営住宅から出てこなくなり、生活習慣病などで亡くなっていく。原発事故の『見えない被害』は今も続いているのです」

三瓶宝次　提供

温かな暮らし

「津島じゃなかったら、私は子どもを育てられなかったかもしれない」

福島県相馬市で避難生活を送る門馬和枝《もんまかずえ》（五三）は、旧津島村で暮らしていた頃の家族のアルバムをめくりながら、目尻に笑みを浮かべた。

三人の子どものうち、長男には先天性の軟骨無形成症という病気があった。足の湾曲や水頭症などのリスクを伴う難病で、成人した今も身長が約一三〇センチしかない。

そんな長男を、津島の人々は「地域の宝だ」として他の子どもと分け隔てなく、大自然の中で温かく育ててくれた。

どこへ行っても「元気かい？」「学校は楽しいかい？」と声を掛けられる。小学校の学芸会や神社のお祭りで、長男が劇や踊りを披露するたびに、たくさんの拍手や声援が送られた。

長男はうれしくなって行事に積極的に参加するようになり、地域の人気者として明るく社交的な性格に育った。

そんな家族のようだったコミュニティーが原発事故でバラバラに砕かれた。

激変したのは長男への視線だ。町を歩いていても遠巻きに指をさされ、好奇の視線が注がれる。

長男は当時一〇歳。児童が計約一二〇人の小さな小学校を選んだが、それでも津島の学校に比べれば都会のマンモス校だった。親に心配をかけたくないと思っているのか、長男は泣き言を言わないものの、「津島に戻りたい」と繰り返した。

津島では、長男のことを特にかわいがってくれていた近所のおばあちゃんがいた。今は故郷を離れて足腰が弱り、関東地方の老人ホームに入っている。

長男はおばあちゃんに会いに行き、そこで昔のようにトランプをして過ごす。すべてが平和だった、津島の空気がその瞬間だけ戻ってくる。

「私は長男を通じて、原発事故で失ったものの大きさを知ったような気がします」と和枝は家族のアルバムを見ながら振り返った。

「人と人とが気兼ねなく交流できる地域コミュニティーが持つ温かさ。それは決してお金では買えないものでした」

門馬和枝　提供

門馬和枝　提供

I LOVE
門馬

墓石から見えるもの

「墓石の仕事に携わっているとね、よく見えるんですよ。震災や原発事故がどんなものかということが……」

末永一郎《すえながいちろう》（六四）はそう言うと、悔しそうに息を漏らした。

かつては旧津島村の手七郎《てしちろう》集落で石材業を営んでいた。今は約三五キロ離れた大玉《おおたま》村で、家業を再開している。

一九七七年、父と開業した「末永石材工業」。阿武隈《あぶくま》山地から御影石《みかげいし》を切り出し、墓石へと加工する。津島で採れる「白御影」は光沢に優れ、名古屋圏からも注文があった。約一〇社あった石材店も、今は原発事故で故郷を追われた。

震災後、年を経るごとに仕事の内容が変わった。

最初の二、三年は、お墓の復旧に忙しかった。激しい揺れで墓石が倒れたため、重機でそれらを元の状態へと直していった。

四、五年すると、津波で身内を亡くした遺族が新たにお墓を求めるようになった。主に沿岸部で暮らしていた住民で、末永も二〇以上のお墓を納めた。

そして震災から五年が過ぎると、「墓じまい」の注文が多くなった。

故郷は帰還困難区域内にあって帰れない。避難先での定住を決めた避難者は新たな土地に家を建て、先祖が眠るお墓を移す。古いお墓は更地にするが、墓石は放射線量が高くて持ち出せないため、二〇以上の墓石が末永の旧作業場に積み上げられたままになっている。

「墓じまい」は、故郷に戻らないことの意思表示でもある。

末永は手七郎集落の行政区長だ。

「区長にとって、それは寂しいことではないですか」と問うと、「いえ、そうは思いません」と自分に言い聞かせるように言った。

「むしろ立派な行為です。誰もが悩んだ末に決断したことなのですから」

古民家にて

「震災前はね、家に鍵がなかったんです。地域の人がいつでも入れるようになってい
た」
旧津島村にある自宅の玄関を押し開けながら、酪農家の紺野宏《こんのひろし》（六〇）は苦笑いした。
震災後、空き巣対策で木扉に鍵を取り付け、イノシシに食い破られないよう、下部には
板が打ち付けられている。
築二〇〇年以上の古民家だ。立派な梁《はり》に支えられた大広間には、先祖の顔写真が飾ら
れている。
「四代前の先祖が養蚕で成功して、代々この家を守ってきました」
伝統芸能「田植え踊り」の世話人役「庭元」を務め、二〇人以上の住民が集まって練
習をしたり、酒を酌み交わしたりしたのもこの大広間だった。
今はホコリが積もっている。
日夜働いた牛舎に入ると、かすかに干し草のにおいがした。
震災当日もその翌日も、飼育していた三三頭の乳牛の搾乳を続けた。でも、どれだけ

待っても集乳車が来ない。二日間で搾った生乳約一トンを泣く泣く畑に捨てた。

三月一五日には旧津島村からの避難を求められたが、牛を町外へと移動させるため、六月中旬まで自宅にとどまった。

えさの量を抑え、搾乳の回数を減らしても、三三頭の牛からは一日一〇〇キロの乳が出る。搾っては捨て、搾っては捨てる。そんな日々を延々と続けた。

「酪農家は牛に生かされてきた。ならば、その命をどうやってつなぐか。そればかり考えていた」


今は郡山市で避難生活を送る。自宅の敷地は特定復興再生拠点区域に指定され、除染が終わって住めるようになれば、戻るつもりだ。

「酪農を続けるつもりですか」と尋ねると、「ええ、できれば」と言って少し笑った。

「避難先で思い知らされました。津島で育った人間はアパートでは暮らせない。だって季節が感じられないでしょう？　ここは雪が降り、蛍が舞う。秋には紅葉で山が燃える。気づかされたんです。そんな生活がどれほど豊かであったかを」

たった一人の議員

二〇二〇年六月、一通の意見書が浪江町議会に提出され、全会一致で可決された。政府が進めている「除染をしなくても避難指示を解除できるようにする方針」に反対し、即座に撤回を求める意見書だった。

提出したのは浪江町議の馬場績《いさお》（七六）。

一九八七年から町議を務める、旧津島村唯一の議員だった。

「除染をしなくても避難指示を解除できるようにするなんてあり得ない……」

政府の新方針を報道で知ったとき、体中が怒りで震えた。

福島県浪江町は町域の約八割が帰還困難区域のまま。原発被災地に存在する帰還困難区域の約五割が浪江町に集中している計算で、故郷の津島は全域がいまだに「帰れない村」と呼ばれる。

政府は二〇一七年に、町内の帰還困難区域の計約七平方キロを「特定復興再生拠点区域」として除染し、二〇二三年にも避難指示解除を目指す計画を示しはした。でも、それらの地域は、浪江町内の帰還困難区域のわずか四％に過ぎない。

政府はそれ以外の地域についても「たとえ長い年月を要するとしても、将来的には帰還困難区域のすべてを解除する」と説明していた。住民は当然、政府がすべて除染した上で、避難指示を解除するものと理解していた。

それなのに……。

新方針が報道された時期は、新型コロナウイルスの感染拡大の時期と重なった。

「偶然か、必然か。新型コロナはもちろん国家的な危機だ。でも、それとこれとは別問題だ。新型コロナの対策に多くの予算が必要だとしても、帰還困難区域の除染はしなくていいという話にはならない」

悔しそうに唇をかんで言った。

「『汚したものは、きれいにして返す』。それが大前提じゃないか。汚染地域をしっかりと除染し、住民に『帰れる』という選択肢を示す。その上で、実際の帰還については、それぞれの判断に任せる。除染がなされなければ、住民は帰れるかどうかの判断すらできないのです」

満州と母

二〇一八年春、岸《きし》チヨ（九〇）は数年ぶりに旧津島村に一時帰宅した。

「うん、津島のにおいがする」

旧宅前で小さく深呼吸をすると、愛《いと》おしそうにそう言った。


福島県の上川崎村（現・二本松市）で生まれ、一九四二年、国策で推し進められた満《まん》蒙《もう》開拓団として旧満州（現・中国東北部）に渡った。

敗戦を知ったのは、一九四五年八月一八日。ソ連軍が進駐してくるという話が広まると、住民に集団自決用の手投げ弾と劇薬が配られた。父は家族に手渡して言った。

「これを飲め。俺はお前たちの最期を見届けてから手投げ弾で自決する」

チヨは親友に別れを告げようと外に出た。するとあちこちで「この薬では死ねないぞ。飲むな」と叫ぶ声が聞こえる。家に戻ると、家族は劇薬を飲んで、もがき苦しんでいた。慌てて解毒剤を飲ませると、胃の中の物を吐き出し、しばらくして快復した。

ただ一人、解毒剤を拒んだ人がいた。

最愛の母だった。日本の勝利と発展を信じ、旧満州の土になろうと大陸に渡ってきていた母は、解毒剤を勧めるチヨの手を振り払い、言った。

「親不孝者！」

チヨは今もその母の言葉が忘れられない。

一五日後、母は苦しみながら四二歳で死んだ。四歳年上の姉は隣家で睡眠薬を飲んで亡くなり、一歳の姪《めい》は「連れて行ってもいくらもつまい」と父が首を絞めて殺した。

ドブネズミのようになって大陸を逃げ回り、一年後、日本へと向かう引き揚げ船に乗ってたどり着いた先が、旧津島村だった。山林を切り開き、ササで屋根をふいただけの小屋で寝泊まりしながら炭やジャガイモなどを作った。チヨは旧営林局の職員と結婚し、浪江町内で二人の娘を育てた。

そして、原発事故。敗戦から半世紀を経て、チヨは再び家を追われた。

満蒙開拓、引き揚げ、原発事故。

国策に翻弄された人生を振り返るとき、胸にこみ上げるのは国家への憎しみではない。

「国が決めることはいつも大きすぎて、私にはよくわからないのよ」

でも、一つだけ、とチヨは悔しそうに言った。

「あのとき、無理にでも母に解毒剤を飲ませるべきではなかったか。そう思うと胸が苦しくなるときがあるの」

安全第一

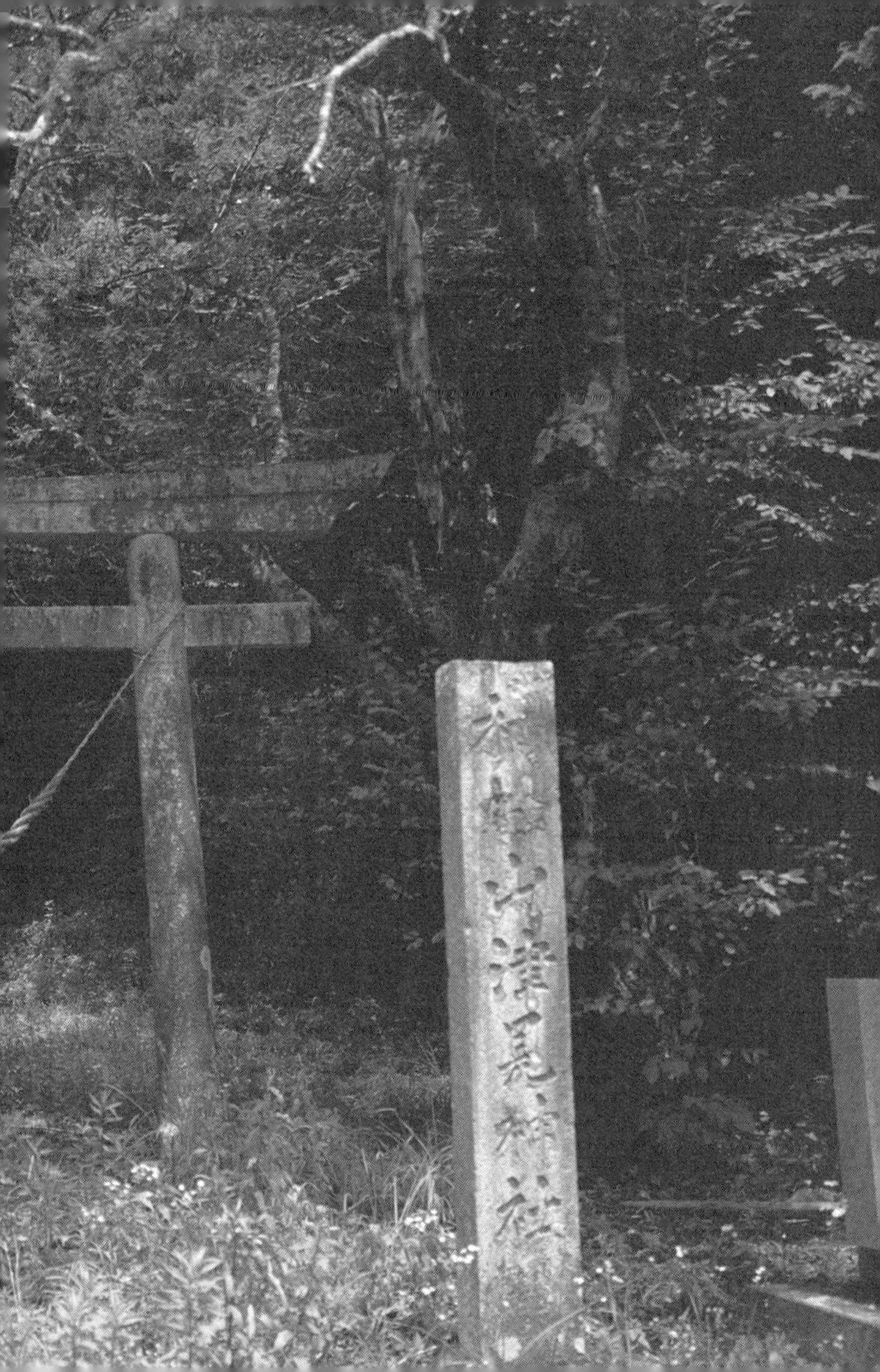

原発作業員

「とんでもないことだと思うよ。同じ過ちを繰り返すよ」

二〇二〇年一一月、東日本大震災で被災した東北電力の女川《おながわ》原発が、宮城県知事の同意を得て再び稼働に向けて動き始めた。

そんなニュースを聞いて、旧津島村出身の今野寿美雄《すみお》（五六）は怒りに声を震わせた。

一八歳から原発作業員として、主に福島第一、第二、女川の各原発で働いた。定期検査のたびに近くの民宿に泊まりこんで、原発の計器の点検などを担当した。

「原発事故からまだ一〇年もたっていない。宮城県の人はもう忘れちまったのか？」

震災の日は女川原発にいた。高台にある事務所で激しい揺れを感じた後、外に飛び出すと、遠くの水平線が白波を立てて押し迫ってくるのが見えた。

津波は沖合の小島や灯台をのみ込み、やがて原発構内に迫ってきた。

「あららっ」

直後、原子炉やタービンの建屋にいた作業員たちが防護服を着たままバスに乗り、高台に避難してくるのが見えた。

原子炉を冷やすための電源などを確保できたことを確認した後、状況を把握するために発電所の外に出た。女川原発のある牡鹿《おしか》半島は、リアス式海岸の海沿いに細い道が張り付いている。道路は至る所で流されたり冠水したりしており、車での移動ができなくなっていた。夜になると、ライフラインを寸断された周辺の住民が原発構内に避難してきた。売店などに残っていたパンやカップ麺などを分け合った。

結局四日間を原発構内で過ごし、一五日朝、砂利を敷き詰めた道を通って福島へと向かった。福島第一原発が水素爆発したというニュースを聞き、「もう浪江町の自宅には帰れない」と覚悟していた。茨城県で家族と再会し、二本松市に避難した。

二九年間、家族を養うため、原発作業員として誇りを持って働いてきた。

反面、原発事故で多くのものを失った。浪江町中心部の自宅は住めなくなって解体し、実家のある津島地区は帰還困難区域になって帰れない。

かつての勤務先である女川原発は二〇二三年にも再稼働する。国は「計画の継続的な見直しや、訓練による検証、道路整備の充実など、強化に向けてしっかりと進めたい」と言うが、元原発作業員としては首肯できない。

「忘れたのか？　第一原発の事故前も、国は同じようなことを言っていたぞ。俺たちはどこまでだまされるんだ？」

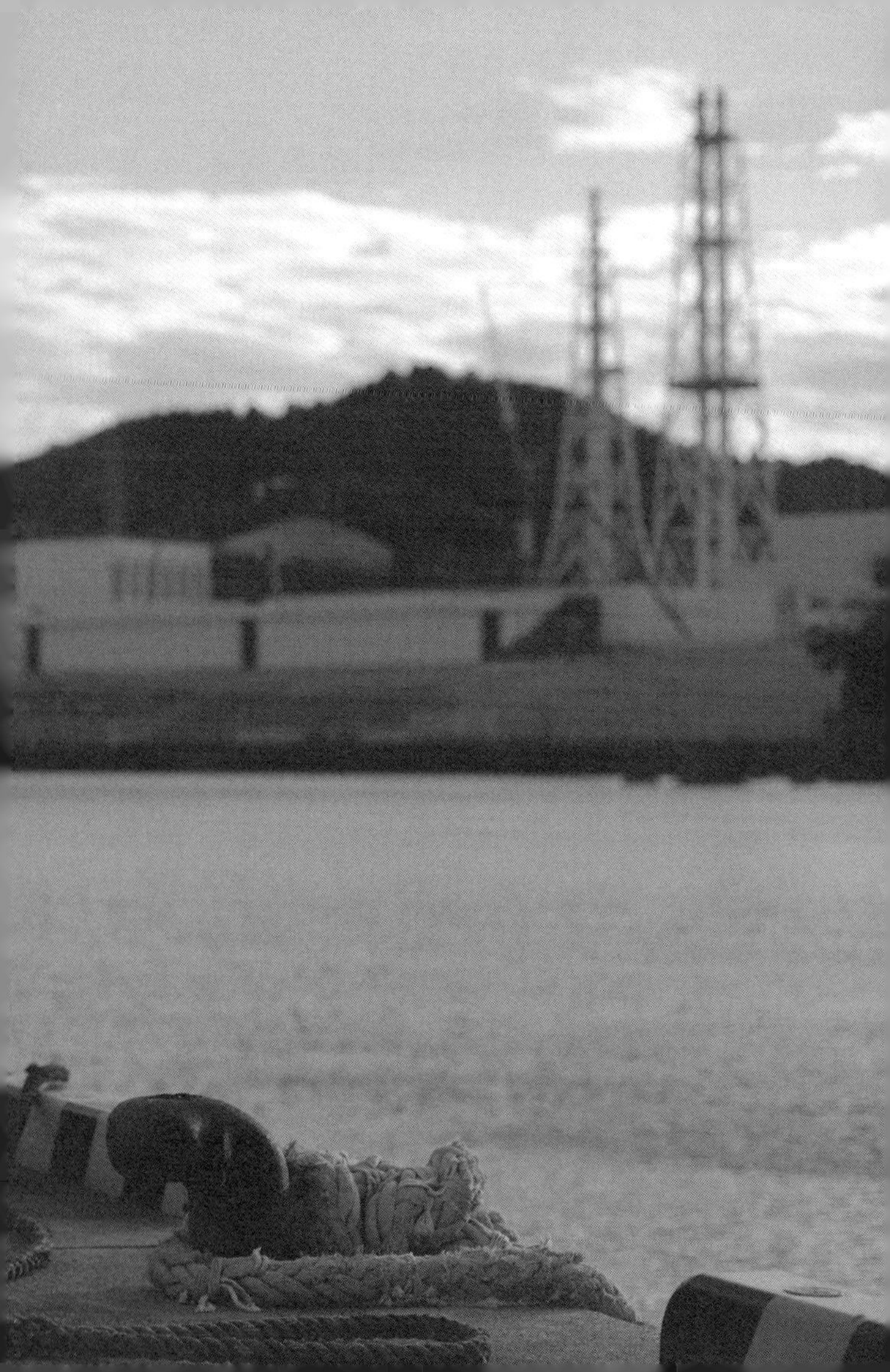

津波浸水区間
Tsunami Inundation Section
ここまで

なくせ！
原発
NO NUKES
事故で止まるか　みんなで止めるか
原発こまりごと相談所（女川原発反対同盟）
阿部

紙芝居

二〇二〇年秋、福島市に避難中の石井絹江《きぬえ》（六八）が経営する「石井農園」で小さな収穫祭が開かれた。

ボランティアら約三〇人が集まり、栽培したエゴマを収穫した後、参加者には絹江の故郷・旧津島村の郷土料理が振る舞われた。

栗おこわにキノコ汁。エゴマを使った、食べれば一〇年長生きするといわれる「じゅうねんぼた餅」……。


会場では、紙芝居も披露された。

タイトルは「浪江ちち牛物語」。

原発事故後に放置された乳牛が、酪農家によって安楽死させられていく物語だ。

擬人化された牛たちが、原発事故や人間たちへの思いを語る。

飼い主を信じ、慕い、やがて殺されていく牛たち。絹江がかつて飼育していた牛がモデルになっている。


震災前は町職員だった。原発事故後、仮設住宅暮らしで酪農家の夫が体調を崩したため、体を動かして仕事ができるよう、二〇一五年に避難先でエゴマ栽培を始めた。

その際、農業委員会の活動を通じて知ったのが、「浪江まち物語つたえ隊」の紙芝居だった。自らの経験を話し、紙芝居の作品に仕上げてもらった。

乳牛の出産時、牛の胎児は人間が胎内から引っ張り出さなければ生まれない。何時間も掛けて必死に取り上げ、我が子のようにして育てた牛たちは、原発事故で多くが殺処分になった。

震災後、夫が話してくれた。「殺処分のトラックに乗せられるとき、牛がとても悲しそうな目をするんだよ。わかるんだろうな、牛たちもきっと」

そんな記憶と重なったのか、紙芝居の殺処分のシーンでは、声が潤んだ。

「悲しくて、切なくて、耐えがたい思いでした。でも、紙芝居を読むことで、当時の気持ちを多くの人に知っていただければと思っています」

浪江ちち牛物語

「ＤＡＳＨ村」の地主

「復興のシンボルとして使ってくれるなら、あの土地を無償提供したいと思っているんだ」

旧津島村の元浪江町議・三瓶宝次《ほうじ》（八四）はポツリと言った。

えっ、と僕は驚いた。

「あの土地」とはすなわち、日本テレビ系列の番組でアイドルグループ「ＴＯＫＩＯ」が農作業を体験した、「ＤＡＳＨ村」があった場所を意味したからだ。親類が開拓した土地を買い取り、宝次が管理してきた。

「まさか、あんなに有名になるとは思わなかった」

ある日、福島出身のディレクターがやってきて、「ロケ地に使いたいので貸してほしい」と頼まれ、自宅から約二キロ離れた約四ヘクタールの山林や田畑を貸した。ディレクターが語る番組名も、ＴＯＫＩＯというアイドルグループも、聞いたことはなかった。番組に出て、農作業を指導してほしいとも頼まれたが、それについては断った。当時町議だった宝次が出演するとロケ地がばれてしまう。番組では「ＤＡＳＨ村」の場所は秘密にされた。宝次は裏方に徹し、番組には妻や知人を登場させて、ＴＯＫＩ

Oのメンバーに農作業を教え込んだ。

「彼らはいつもハキハキとしていて、一生懸命農作業に取り組んでくれた」

古民家を舞台にアイドル自らが田植えや炭焼きを体験し、自給自足の生活を送る。そんな農作業の風景が高齢者には懐かしく、都会の若者の目には新鮮に映った。

ＴＯＫＩＯは「農業アイドル」として有名になり、若者の間に田舎暮らしのブームが起きた。

二〇一一年の原発事故で津島は帰還困難区域になり、「ＤＡＳＨ村」にも入れなくなった。それでも、いつか「村」が再開される日が来ると信じて、草刈りなどの管理を続けてきた。

「ＴＯＫＩＯにも色々と事情があるのは報道で知っている」と宝次は言う。

「でも、『ＤＡＳＨ村』は今も多くの人の心に生き続けている。撮影は無理でも、ファンが当時使われていた古民家を訪れたり、若者が実際に農作業を体験したりできる、そんな津島の復興の足掛かりにできないだろうか」

旧家の嫁

旧家には、部屋が全部で一一もあった。

築一五〇年の大屋敷。二四畳の大広間には幅約五メートルの神棚が飾られ、外には土蔵も建っていた。

福島市で避難生活を送る石井ひろみ（七二）は一九七一年、横浜市から旧津島村へと嫁いできた。父は転勤族。北海道で生まれ、九州、関西、関東と転々としながら青春期を過ごした。学生時代は帝国ホテルの列車食堂（新幹線の食堂車）で働き、知り合った男性が津島で数百年の歴史を持つ旧家の一八代目の跡取りだった。

屋敷には古くて大きなかまどがあった。

朝、誰よりも早く起きて、最初にかまどの火をおこす。結婚直後は、火がついたかどうか不安で、かまどの前から離れられない。暗い土間に一人しゃがみこんで赤い火を見つめ、これまで同じように火を見つめてきた大勢の女性たちのことを思った。

「自分も伝統を受け継ぎ、この家を守っていかなければならない。ここが私の故郷になるんだ」

かまどの前で覚悟を決めた。

浪江町の助役だった伯父は、後に立候補して町長になった。選挙のたびに、家には町の有力者や支援者が押し寄せてくる。旧家は地域の伝統芸能「田植え踊り」の世話人役を務め、練習や本番のたびに数十人の踊り手や観客が集まる。そのたびにかまどを使って数十人分の食事を準備した。春には山から採ってきたフキを塩漬けにするためにゆでたり、田植えに協力してくれた人に配るため、かしわ餅を二〇〇個ぐらいふかしたりした。

そんなかまどとの生活が、原発事故で突然途絶えた。

津島は全域が帰還困難区域になり、屋敷は野生動物のすみかになった。土間にネズミの駆除剤をまくと「ポチャ」と音がする。雨水が床下に流れ込み、四〇年間、ことあるごとにしゃがみ込んでいた土間が水浸しになっていた。

「悔しくて、悲しくて、涙が出た。人生そのものが奪われてしまったような感じで」

一時帰宅。ひろみはかまどの前からなかなか離れようとしない。

悲しそうに言った。

「かまどが崩れてしまっている。物も思い出も崩れていく」

火の用心

報道カメラマン

報道カメラマンの豊田直巳《とよだなおみ》（六四）にとって、福島は「見えない」戦場だった。

二〇一一年三月一三日朝、原発から約四キロの双葉町《ふたばまち》の病院に近づくと、イラク戦争取材時に劣化ウラン弾の放射線量測定で使った毎時一〇〇〇マイクロシーベルトまで計れる測定器が振り切れた。

四月一七日、旧津島村を抜ける国道を走行中、無人の集落で人影が動いた。

「何をしているんですか？」

車を降りて話しかけると、関場健治《せきばけんじ》（六五）が戸惑いながら答えた。

「何って、ここは俺の家だから」

関場は震災後、一度は会津《あいづ》地方の親類宅に避難したものの、猫が心配で自宅に戻ってきていた。見回りに来た自衛隊員に「大丈夫だ」と言われたため、そのまま住み続けていたのだ。

ところが、豊田が敷地を測ってみると、毎時約三〇マイクロシーベルト。雨どい付近では同約五〇〇マイクロシーベルトもある。

「大変だ。二時間いたら（一般人の年間被曝線量の）一ミリシーベルトを浴びちゃう」

夫婦は慌てて身支度を整え、豊田に見送られるようにして再避難した。

あれから一〇年。

関場の避難生活は悲惨だった。帰りたいのに、帰れない。思いを断ち切るために茨城県内に新築住宅を購入したが、結果はむしろ逆だった。

「俺はここで死ぬのか」

「先祖と同じように津島で死にたい」

望郷の願いだけが日に日に募っていく。


豊田は一〇年間、そんな苦悩する夫婦の姿を撮り続けてきた。

出版した子ども向け写真集『百年後を生きる子どもたちへ』（農文協）には、一時帰宅で自宅に手を合わせる妻の和代《かずよ》（六二）の写真に文章を添えた。

「帰るたびにわが家は、だんだん、草木におおわれていきます。ありがとう。そして、ごめんなさい。和代さんは、こころのなかでつぶやきます」

二〇二〇年秋、関場は育てた野菜を青空市で販売するため、福島市を訪れた。横ではいつものように豊田が撮影している。

関場は言った。「感謝しています。故郷を思いながら避難生活を続ける我々を記録し、伝えてくれる。彼がいなければ、そんな苦悩も世の中から忘れ去られてしまうから」

その傍らで、写真家がカメラで顔を隠して泣いている。

専次郎の願い

「ここだ、ここだ」

福島県二本松市に移転された浪江町役場二本松事務所の一室。

福島市に避難している三瓶専次郎《せんじろう》（七二）は、懐かしそうに積み上げられた収納ボックスに手を掛けた。

中に納められているのは、旧津島村に伝わる伝統芸能「田植え踊り」の衣装や道具たち。

二〇〇四年から南津島集落の郷土芸術保存会の会長として、地域の文化と伝統を守り続けてきた。道具が真新しいのは、原発事故後、放射能に汚染された集落から衣装や道具を持ち出すことができず、最近新調したためだ。今は新型コロナウイルスの影響で踊り手が集まれず、練習することさえできない。

「このままだと、集落の伝統は途絶えてしまうな……」

悔しそうにそうつぶやいた。

田植え踊りに参加したのは高校卒業後だった。

津島では田植え踊りは毎年二月に行われ、「鍬頭《くわがしら》」などの役を演じる成年男子がそれぞれの衣装を身にまとい、集落の家々を回って「田植え」や「稲刈り」などの演目を踊る。

農作業の順序を一通り踊って豊作を祈る伝統芸能で、三〇〇年を超える歴史があった。踊り手たちは毎晩のように「庭元」と呼ばれる世話人役の家に集まり、専次郎も集落の兄貴分に厳しく踊りを指導された。大変だったが、地域の一員になれた気がして誇らしかった。

原発事故後、専次郎はなんとかして、その「誇り」を取り戻そうとした。

しかし、衣装や道具もなく、約四〇人いた踊り手もどこに避難しているかわからない。何より、旧津島村は全域が帰還困難区域になり、豊作を祈願するべき田んぼさえ存在しないのだ。

「なんとかして残せないだろうか」と専次郎は力なく言った。

「田植え踊りは我々にとって、異なる世代を結びつけ、地域のみんながわっと集まれる『ふるさと』そのものだったんだ」

南津島郷土芸術保存会　提供

津島の田植踊

娘たちの死闘

「最大の気がかりは、二人の娘たちのことです」

福島県二本松市に避難中の柴田明美《しばたあけみ》（五六）は、家族のアルバムを前に力なく笑った。隣で夫の明範《あきのり》（五四）が見つめる。

自宅は旧津島村にあり、夫婦には二人の娘がいた。

原発事故当時、長女は中学三年生、次女は小学六年生。

子どもが少ない津島では「保育所から高校までがまるで一貫校」。長女も次女も地元の友達と浪江高校津島校と津島中学に進学することを楽しみにしていた。

そんな姉妹を原発事故が襲った。

一家は栃木県の親類宅に避難した後、浪江高津島校が二本松市で再開すると聞き、長女の通学のために二本松市のホテルへと転居した。次女はそこから二本松市内の中学校に通うことになったが、徐々に通学を嫌がるようになり、次第にホテルに閉じこもるようになった。

「人が押し寄せてくる感じがする」

「浪江からの転校生が『放射能を浴びた。寄るな』と言われていた。私も同じだ」津島に帰りたいと懇願する次女に向かって、夫婦は「津島は放射能に汚染されたの。今はここで頑張るしかないんだよ」と諭すことしかできなかった。

次女は二本松市で再開した浪江中に転校後、中二の夏には校長と一緒に通学し、門にタッチして帰って来られるようになった。冬には保健室で三〇分間自習するなど、少しずつ努力を重ねていった。


卒業前、夫婦は次女に浪江高津島校への進学を勧めた。

「高校に行かないと、どこの職場も雇ってくれないよ」

次女は「うん、わかった」と声をあげて泣いた。

その言葉通り、次女は高校進学後、勉強に励み、学年トップの成績を収め、生徒会長も務めた。


「一番楽しいはずの思春期に、娘たちには本当に苦労をかけてしまった」と夫婦は深く後悔している。

「娘たちからは今も『私たち子どもを産めるのかな？』という話を聞かされる。でも、我々は何もできない。親としてこれほど苦しいことはありません」

小玉重隆　撮影

人権とは何か

「国や東京電力は責任を持って、放射能で汚された地域を元の状態に戻すべきだと考えています」

旧津島村の住民約七〇〇人が国や東電を相手取って起こした「津島原発訴訟」。弁護団の共同代表を務める弁護士の小野寺利孝《おのでらとしたか》（七九）は裁判の趣旨をそう説明する。

津島訴訟には大きな二つの特徴がある。

一つは、原告全員が帰還困難区域の住民で、誰一人自宅に戻れていないこと。もう一つは、原告が国や東電に津島地区を除染し、再び暮らせるよう「原状回復」を求めている点だ。

原発事故をめぐる全国各地の避難者訴訟が国や東電の責任の有無を事実上の焦点としているなか、難しいとも思える「原状回復」をあえて求める。その方針をめぐっては内部でも意見が分かれ、約三分の一の十数人の弁護士が弁護団を離れた。

「でも、この裁判では『原状回復』の要求をどうしても外せなかった。原告の多くが『元のように住めるなら賠償金はいらない』という人ばかりなのです」

福島県いわき市の出身。一歳半で父の死去後、母が常磐《じょうばん》炭鉱の採炭夫と再婚したため、旧内郷町《うちごうまち》（現・いわき市）の炭住街で貧しい生活を送った。

中学入学後に義父が肺結核を患い、炭鉱を解雇された。名門・磐城《いわき》高校に進学できたものの、両親が離婚したため、化学工場に就職した。

しかし、大学進学の夢を諦められず、退職。浪人して中央大に入学し、在学中に司法試験に合格した。

炭住街では、炭鉱の事故でけがをした男たちがタンカに乗せられて病院に運ばれていくのを目の当たりにした。労働環境や貧困の問題など、社会のひずみを少しでも解決したいと、人権派弁護士として常磐じん肺訴訟など、数々の公害訴訟に取り組んできた。

「すべての人間の『人権』を尊重することが、民主主義の基本。その『人権』が損なわれたとき、回復する手段の一つが裁判であり、それを担うのが弁護士の役目だと思う」

地元町議を通じて津島訴訟の依頼が持ち込まれたとき、即座に引き受けた。

「津島には原発事故前、豊かな自然や文化、コミュニティーがあった。それらは住民にとって『人権』そのもの。それらが今、著しく失われ、踏みにじられているのです」

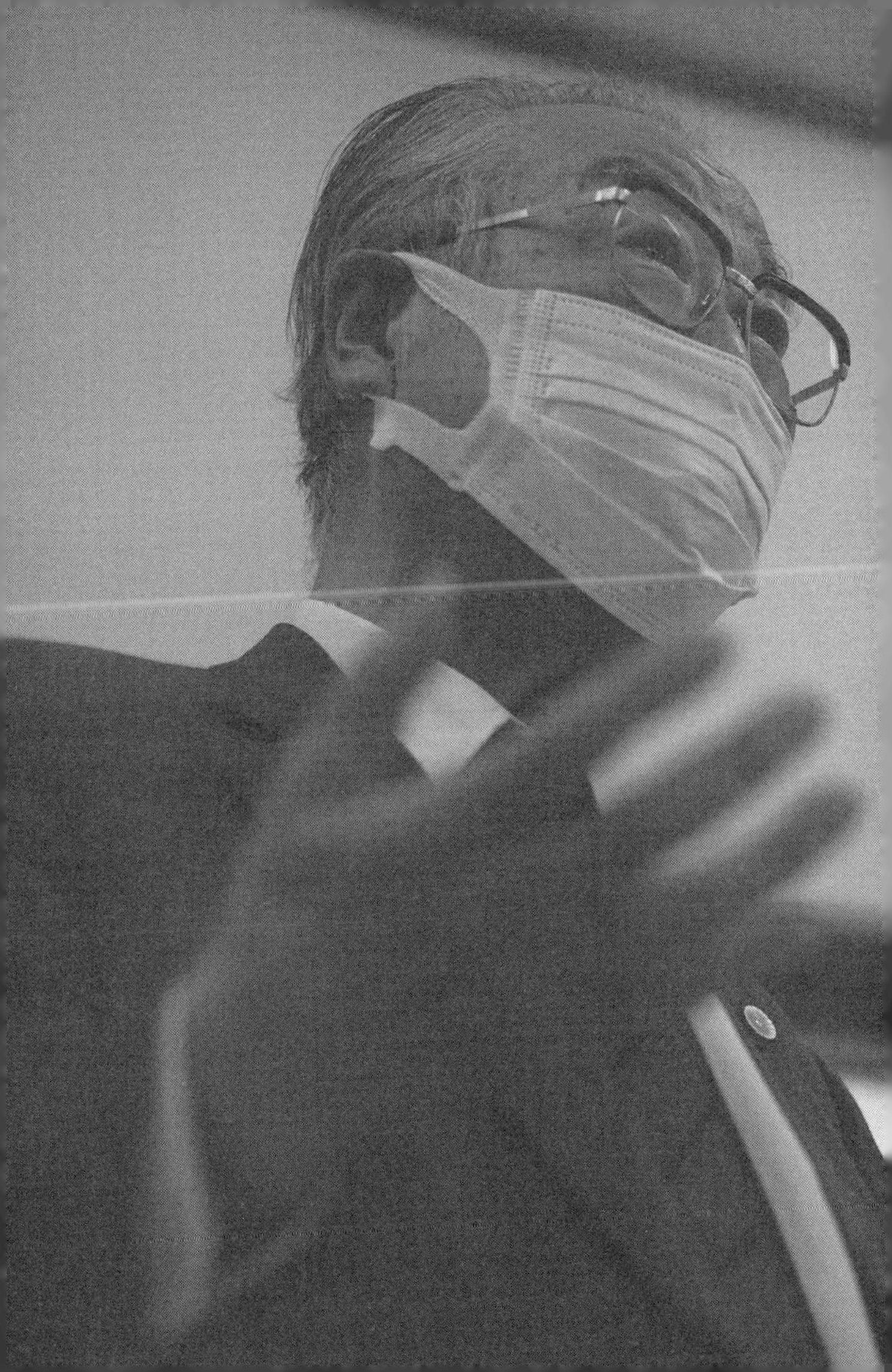

私設資料館

旧津島村を貫く国道114号沿いに、小さな私設の資料館がある。

「昔の農家資料館」の看板が掲げられている。

震災翌年に避難先で亡くなった佐々木ヤス子（享年八四）が、集落での生活を後世に残したいと、一九九四年に開設した施設だ。

〈嫁の時代、主婦の時代、老後の時代、変わりゆく自分を見つめて、社会の片すみの御役に立てたらと考え、昔の姿を復元して、ごらんいただきたく〉

設立の趣旨にそう刻まれている。


展示品は圧巻だ。農作業や養蚕で使われていた木製の農耕具や地域の伝統芸能で用いられた衣装、昭和初期の台所用品に加え、鳥類の剝製、手作りの古民家の模型など計約六〇〇点が所狭しと並べられている。

〈飯を食わない物は三年保存すべし。いつか役に立つときがある〉

そんな「お姑《しゅうとめ》様の教え」が基準だったらしい。


特に目を引くのが、一九八八年に完成した大柿ダムのジオラマだ。細かな文字でびっしりと移転者の氏名が記されている。

〈一七戸の水没者の方々は地域発展のために住みなれた土地と昔からの歴史を後にして移転した〉

「大柿ダムの建設で、この大昼集落からは三分の一の家が立《た》ち退《の》いた。そして今度は原発事故だ」

福島県二本松市に避難している次男の茂《しげる》（六六）がジオラマの横で言った。震災前、二二世帯が暮らしていた大昼集落は、今も全域が帰還困難区域だ。

「絶望的な思いだよ。生まれ育った集落が消滅する。そんなのあまりにも悲しいじゃないか」

原発事故後、母ヤス子は「展示品を次の世代に残してほしい」と言い残して逝った。茂は浪江町内に約一五〇〇万円かけて倉庫を建設し、展示品の大半を移した。

でも、どう展示すればいいのか、誰に見せればいいのか、葛藤が消えない。

「母が残したかったのは民具ではなく、この集落の暮らしそのものなのではなかったか」

母が大好きだった集落が今、まさに消えようとしている。

大柿ダム
着工 昭和49年度
竣工 昭和63年度
望郷
故郷の昔と今 大柿ダムの上流
故郷 地理 歴史
産業
教育
経済
人口

手作り模型の案内
大柿ダムと
その上流地域
水没地と現在の交通

忘れえぬ歌

〈相馬流れ山　ナ～エ～　習いたかござれ～♪〉

福島市で避難生活を送る窪田《くぼた》たい子（六五）は、つらくなると口ずさむ歌がある。故郷の民謡「相馬《そうま》流れ山」。

相馬地方に伝わる野馬追《のまお》いの情景などを歌う。

旧津島村で生まれ、地元出身の夫（六九）と結婚して四人の子を育てた。震災前までは仲の良さで評判の家族だった。夫は造園や葉タバコの栽培、義母（九四）は大好きな花の手入れに忙しかった。

そんな自慢の家族が、原発事故で変わってしまった。

義母は慣れない避難生活で認知症になり、人の手を借りなければ生活ができなくなった。食事や入浴を手伝おうとすると、「馬鹿にするんじゃねえ」と怒鳴られる。

震災前から週三回、透析に通っていた夫は、車で病院への送り迎えをする妻に、感謝の言葉を掛けることが少なくなった。

ケンカが絶えず、食卓から会話や笑い声が消えていく。

「どうしてこんなふうになってしまったのだろう?」

たい子はストレスで円形脱毛症になり、死んでしまいたいと思うようになった。

でも、津波で亡くなった人のことを思うと、踏み切れない。

そんなときは「今、私が頑張らないと、この家はバラバラになってしまう」と自らに言い聞かせ、「相馬流れ山」を歌う。

かつて自宅の前にそびえていた、日山をまぶたの裏に思い浮かべて。


二〇二〇年冬、一家は津島に一時帰宅した。

自宅の屋根は崩れ落ちそうで、葉タバコを栽培していたビニールハウス内には枯れ草が茂り、大きな木まで生えていた。

「ここで暮らせていたら、家族もずっと仲の良いままだったのに」

たい子が悔しそうに言うと、夫も黙ってうなずいた。

「今は介護がつらいです。津島にいれば、悩みもご近所さんに相談できたのかもしれないけれど……」

遅れて歩いてきた義母が崩れそうな自宅を見上げ、「ありゃあ、原発事故はなんてことしてくれたんだあ」と言った。

精神科医の告白

「二〇一九年に旧津島村の約五〇〇人を調査したところ、四八・四パーセントの人がPTSD（心的外傷後ストレス障害）の症状を訴えました。非常に高い値です」

福島県相馬市のクリニックで、精神科医の蟻塚亮二《ありづかりょうじ》（七三）は陰のある表情でうつむいた。

「うつ病や幻聴のほか、体が熱い、痛い、入浴後に鳥肌が立ったり、突然、大汗をかいたりするといった症状が見られる。『死にたい』『何のために生きているのかわからない』と訴え、『震災後よりも今の方がつらい』と言う人も目立つ。多くの人が疲れてきているのでしょう」

福井で生まれ、青森の病院勤務を経て、長く沖縄で沖縄戦を原因とするPTSDの診察や研究を続けた。二〇一三年、被災地の力になりたいと相馬市に赴いた。

「沖縄ではうつ病や不眠症と診断されていた方々の中に、沖縄戦を体験したことによるPTSDに苦しむ患者がたくさんいた。普段は明るいが、急に不安に陥ったり、夜中、頻繁に起きてしまったりする。福島でも赴任当初から、同じような症状が見られた」

でも両者には明確な差異があるという。

「福島の特徴は『過去の体験を語れない』ということです。『放射能が怖い』と言うと変人扱いされ、避難先で被災者であることを告げると、周囲から『あの人は賠償金をもらっている』と言われてしまう」

津島からの避難者が高い割合でPTSDの症状を示した原因についてはこう分析した。

「津島は全域が帰還困難区域で、住民は散らばって避難生活を送っている。震災当時の体験を周囲と話し合うことができず、『黙って墓場まで持って行くしかない』と言う人もいる。話せないと記憶が心にとどまり、風化しない。トラウマがより脳や心に深く刻まれ、発症率が高まってしまう……」

でも、それは仕方のないことだ、と診察室で蟻塚は言った。

原発被災地に赴任して七年。この地で生きることの困難さを今、自身もまさに実感している。

「ここで暮らしている限り、風の強い日には除染されていない地域から飛んでくる放射性物質を吸い込むのではないか、飲み水や魚は安全かなど、本来なら心配しなくてもいいことを気にかけなければならない。神経の過覚醒が継続していて、相撲で言えば、『はっけよい』『見合って、見合って』の状態がずっと続いているような状況で、心が疲れないはずなどないのです」

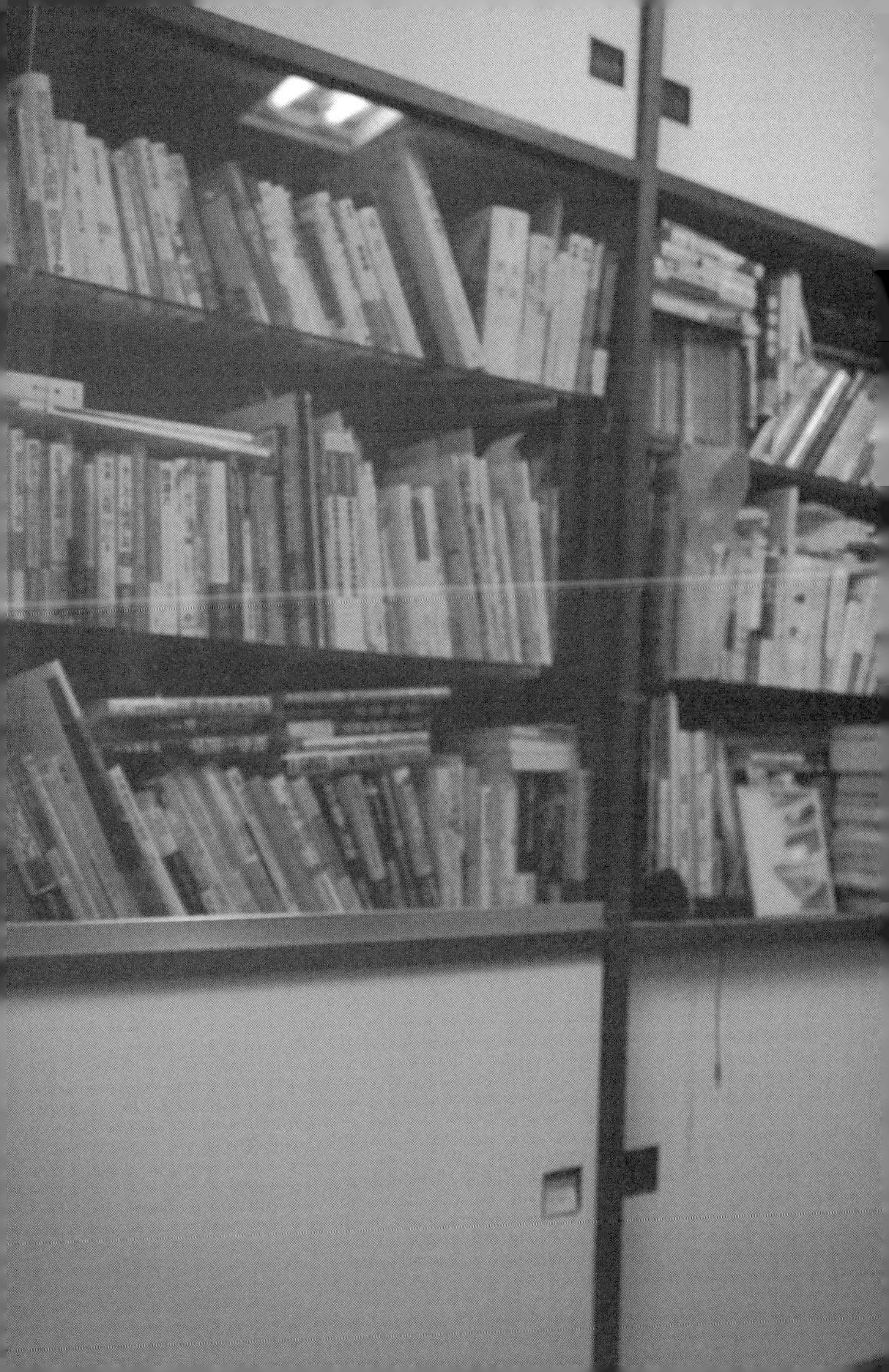

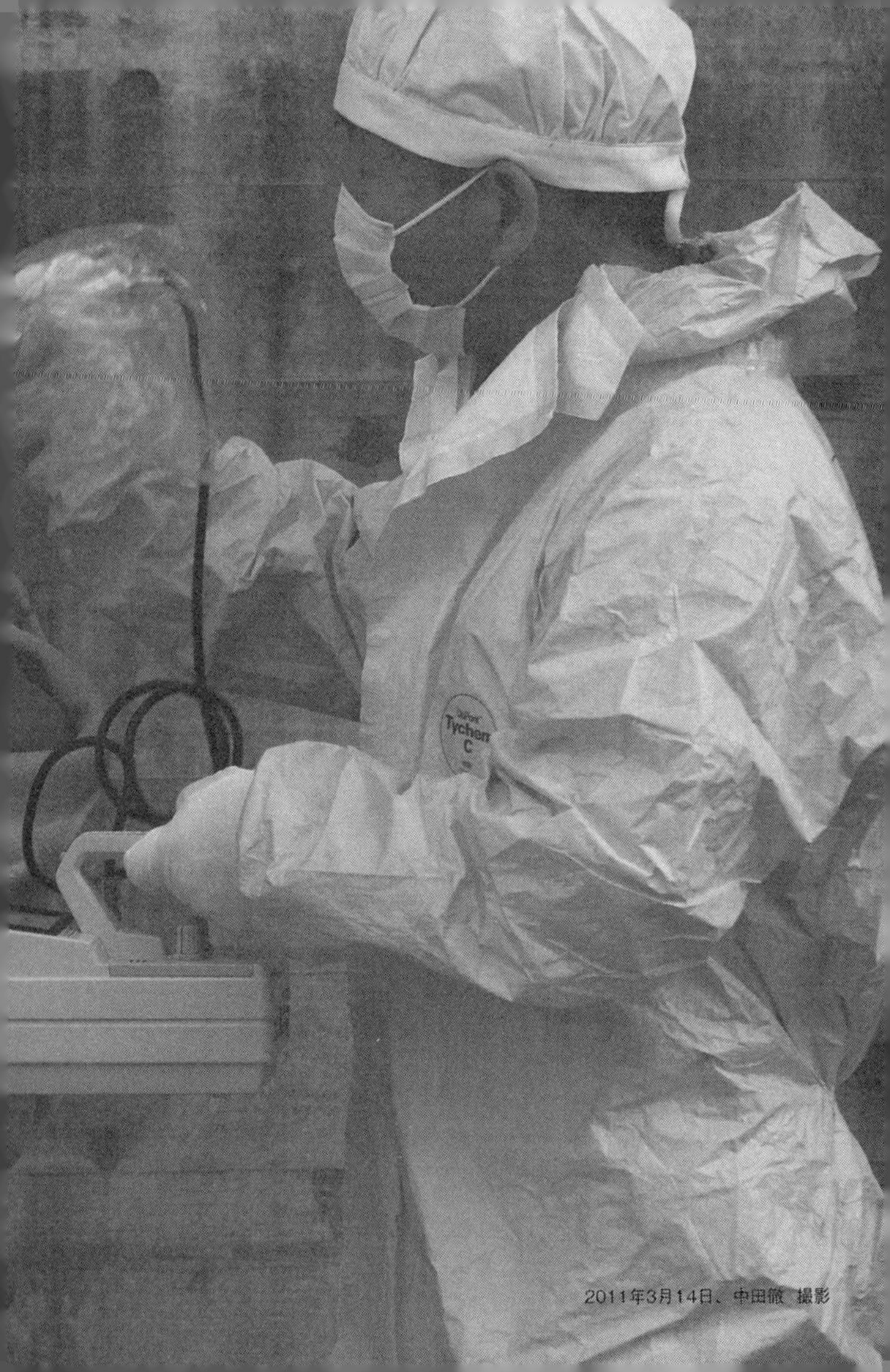

2011年3月14日、中田徹　撮影

僕のふるさと

「津島の風景は今も僕の心の中にあります」

千葉県で大学生活を送る門馬史朗《しろう》（二〇）は軽やかに笑った。

「都会の生活と比べると、ずいぶん不便なところもありますけれどね」


旧津島村で生まれ、一〇歳まで過ごした。先天性の軟骨無形成症があり、身長は約一三〇センチ。でも小さい頃は深く悩んだりはしなかった。

周囲がいつも支えてくれた。運動会、学芸会、神社のお祭り。たくさんの声援を受けたり、拍手を浴びたり。気がつくと、いつも笑顔の自分がいた。子どもながらに毎日が楽しかった。

記憶の中の人々は、誰も敬語を使わない。

「他人のおじいちゃんやおばあちゃんも、自分のおじいちゃんやおばあちゃんと同じ。大人も子どももみんな家族みたいで、地域がまるで一つの『家』のようだった」

原発事故で相馬市に避難した後も、前向きに生きようとがんばった。いくつもの出会いがあり、多くの人に助けてもらった。

高校を卒業し、得意の英語を上達させたいと、外国語学科を選んで関東の大学に進学したのも、相馬市で知り合った多くの友人の励ましがあったからだ。「将来は英語を使った仕事に就きたいと思っています」と今は胸を張って言える。

二〇二一年一月、浪江町の成人式に出席した。

津島小学校の同級生と再会したとき、何年も会っていないのに、まるで昨日まで一緒にいたかのような親密さで話ができることに驚いた。

同時に少し寂しくもなった。

「もし、僕があのまま津島にいられたら、地域の人も一緒に成人式を祝ってくれたのにな、と思って」

原発事故までの一〇年と、原発事故後の一〇年は、自分の中で同じくらい大切な時間だ。

「でも、僕のふるさとはと聞かれれば、僕は『津島です』と答えると思います」

FILA

門馬和枝　提供

幸せな生活

「毎日が幸せでした」

福島県田村市で避難生活を送る酪農業鴫原《しぎはら》トミイさん（六二）は、自宅のある旧津島村に一時帰宅したとき、何度も同じせりふを口にした。

「牛飼いの暮らしは大変だったけど、それを大変だと思わないくらい、日々が充実していた……」


義父が開拓した土地を引き継ぎ、夫（七〇）と必死に働いて酪農業を軌道に乗せた。休みはなかったが、日曜日には弁当を持って、子どもたちと一緒に干し草を集めにピクニックに行った。四人の子どもたちは牛乳を飲んで大きく成長し、三男は身長が一九六センチにまでなった。


夫は趣味人でもあった。数百万円かけて天体望遠鏡を購入し、自宅に天文台を自作した。ログハウスに住みたいと裏の杉林を伐採し、約一〇年かけて製材して自力で組み上げ始めた。完成の直前、約三〇キロ先で原発事故が起きた。

事故四日後に避難を求められたが、牛がいるのですぐには離れられない。二本松市の体育館に避難したのは三月二一日。それでも牛のことが気に掛かり、自宅に通って一六頭の世話を続けた。

五月末、飼い続けることができなくなり、やむを得ず一五頭を食肉用として出荷した。数十頭の牛の殺処分に立ち会った夫からは「一度の薬では効かず、死んでたまるかと大きな目で訴えてくる牛もいた」と聞き、身を切られるようにつらかった。

今、激しく後悔していることがある。

事故直後、牛の乳を搾り続けたが、集乳車が来なかったため、貯蔵できずにホースを使って外へと捨てた。乳は白くにじみながら、霜柱の立つ畑に広がっていく。その光景が空《むな》しくて、少しでも役に立てたらと、搾りたての乳を一升瓶に入れて検査に出さずに親類の子どもたちに配った。

数日後、近隣地区の牛乳から放射能が出たとニュースで知り、青ざめた。放射能の知識なんてまるでなかった。自分は何てことをしてしまったのか……。

「今も自分からは原発事故のことも、牛のことも話すことはありません。みんなそうやって抱え続けて生きているのだと思います」

BE HAPPY

駆け上がる風

「運命のいたずら――そんな言葉が脳裏をよぎりました」

馬場有の死後、浪江町長の椅子に座った吉田数博《かずひろ》（七四）は、両目を閉じてあの日の天気を回顧した。

「ここでは通常、冬から春にかけて、風はすべて山から海へと吹き抜けるのです。でもなぜか、あの日だけは風が海から山へ、津島の方へと駆け上がっていった……」

震災当時は浪江町議会の議長だった。苅宿《かりやど》の農家の長男として育ち、五〇歳で町議になる前は、専業農家として毎日山を見上げて農作業に励んでいた。

「淡くかすめば春になり、白く染まれば冬が来る」

そんなふうにして日々、風を感じて生きてきた。


あの日は、国や東電から情報が一切入らず、夜はずっと津波と地震の対応に追われた。翌朝、テレビで原発が危機的な状況に陥っていると知り、町長の馬場と一緒に町西部の津島に町民を逃がすことを決めた。

「西側の山に入れば安心だという思いがあった。山と風が放射能から町民を守ってくれる。でも、それがまったくそうではなかった……」

原発から放出された放射性物質は北西に流れ、津島の野山へと降り注いだ。結果、震災から一〇年が経つ今も、町域の八割が帰還困難区域のまま残り、依然、多くの町民が故郷や自宅に帰れない。

「国には、まずは帰還困難区域の除染や避難指示解除の具体的な道のりを示してほしい」と吉田は津島の地図にそっと手を触れた。

「津島は町の水源。沿岸部で暮らす我々にとっても大切な故郷の象徴なのです」

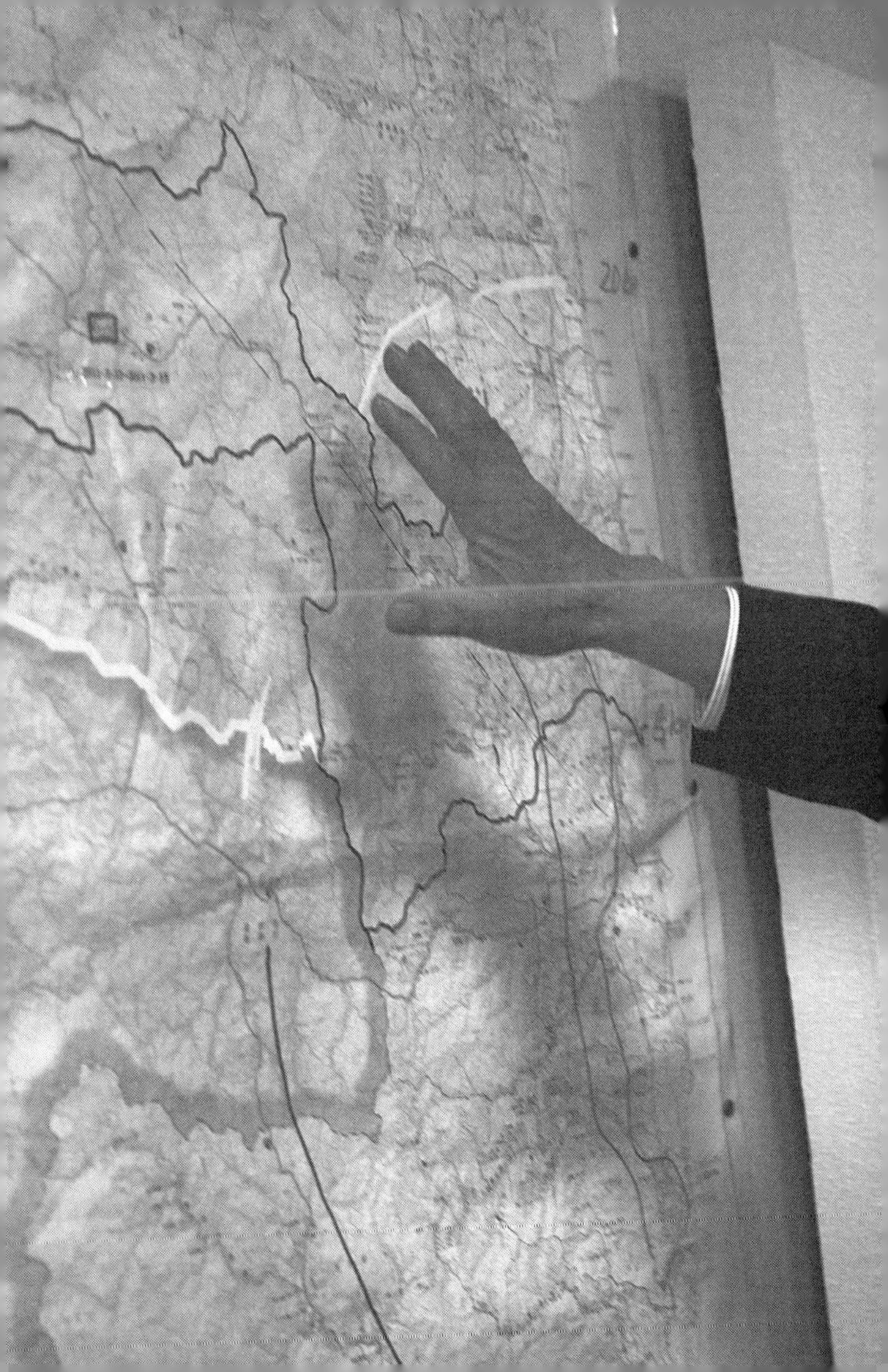

自主測定

「わずかですが、放射線量が減ってきていますね」

旧津島村の原野で、赤宇木出身の今野邦彦《くにひこ》（六二）が測定器の値を見ながら言った。告げられた数値を行政区長の今野義人（七六）が淡々とノートに書き取っていく。

人が住まずに二階まで夏草が入り込んでしまった家。ツタだらけの高級車。崩落したコンクリート製の橋……。二人は同郷の今野栄次《えいじ》（六九）が運転する車に乗って集落の全戸を回り、放射線量を測定していく。

義人が独自に集落の放射線量を測り始めたのは、原発事故から約四カ月後の二〇一一年七月。最初は二五地点の測定だったが、一〇月からは邦彦が加わり、集落に属する全世帯の家の前など測定地点を九五地点へと増やした。以後、約九年間、雪で入れない時期を除いてほぼ毎月、測定を続けてきた。

二〇一一年一〇月当初は、測定器が毎時三〇マイクロシーベルトまでしか計れず、地上一メートルでの測定値が振り切れてしまう地点が多かった。それらの値を「毎時三〇マイクロシーベルト」と見なし、九五地点の地上一メートルの放射線量の平均値を計算したところ、二〇一一年一〇月＝一八・一五マイクロシーベルト、二〇一三年一〇月＝

九・六九マイクロシーベルト、二〇一五年一〇月＝六・五二マイクロシーベルト、二〇一七年一〇月＝四・五三マイクロシーベルト（いずれも毎時）と徐々に減少しているのがわかってきた。

この日の平均値は毎時三・〇五マイクロシーベルト。それでも、国が長期的な目標とする年間の追加被曝線量一ミリシーベルト（毎時〇・二三マイクロシーベルト）にはほど遠い。

赤宇木集落は原発事故直後、国の担当者から「何もしなければ、一〇〇年は帰れない」と告げられた地域だ。

邦彦は「国は信用できない。自分たちの手で事実を知りたい。我が家だけでも約六〇〇年の歴史がある。『住民も独自に測定している』という事実を示すことで、東電や行政が不正を起こしづらい環境を作れるのではないか」と言う。

測定中に突如、義人がバランスを失って倒れた。すぐさま駆け寄って肩を貸す。足に力が入らず、自分で立ち上がることができない。

「申し訳ない、申し訳ない……」と恐縮しきりの義人の横で、邦彦が「測定もいつまで続けられるか」と表情を歪《ゆが》める。

時間はもう、それほど多くは残されていない。

小玉重隆　撮影

児童クラブ

「保育士になるのが夢だったんです。なので、娘の子育てが終わった後は、児童クラブで働きたいと」

浪江町の元臨時職員の佐々木加代子《かよこ》（五八）は、野山で遊ぶ子どもたちの写真を見ながら、目を細めて言った。


旧津島村にはかつて、共働きの両親に代わって放課後に子どもたちを預かる児童クラブがあった。加代子は二〇〇六年からそこで指導員として働いていた。

山間の集落は大自然に囲まれている。野原を散策したり、川で遊んだり、雪合戦をしたり。十数人の子どもたちも周囲の大人に見守られ、タケノコのようにすくすくと育った。


震災時は老朽化した建物が危険だったため、児童クラブにいた子ども六人を車二台の中へと避難させた。激しい揺れで泣き叫ぶ子どもたちに「大丈夫よ」と声を掛け、午後六時にはなんとか無事に家族に引き渡すことができた。

問題は次の日だった。原発が危機的な状況に陥り、沿岸部から多くの浪江町民が津島へと避難してきた。津島の子どもたちは大人に交じり、屋外で避難者の世話や炊き出しを手伝った。「お手伝い、頑張って」。そう声を掛けたことを思い出すと、胸が張り裂けそうになる。

「子どもたちを守れなかった。『放射能が危ないから、子どもたちは家から出てはダメよ』。そう注意をするべきだったのに……」

二日後の三月一四日、外で炊き出しをしていると、全身を防護服で包み、厚いマスクを着けた男性たちがやってきて、「何をしているのですか、家の中に入りなさい！」と大声で怒鳴られた。

周囲の大人たちはポカンとし、何が起きているのかわからなかった。

あのとき、国や東京電力は津島が危険だと知っていたのではなかったか――。

「なぜ教えてくれなかったのでしょう？　もし知っていたら、私は子どもたちを絶対に外には出さなかった。彼らが将来病気にならないかどうか、事故から九年半が過ぎた今でも、私は心配でならないのです」

島小学校
童クラブ

建築物定
19
津
児

最高責任者の釈明

「原発事故当時、私は総理大臣でした」

東京・永田町の議員会館の一室で、元内閣総理大臣・菅直人《かんなおと》（七三）は口を開いた。

東工大出身の「理系宰相」。

原発関連の技術用語が随所にちりばめられている。

「当時のことを思い出すと今でも緊張感が蘇《よみがえ》ってきます」

震災直後はすぐに官邸の地下にある危機管理センターに駆けつけた。すべての原発が無事に停止をしたという報告が来たのでほっとしたが、その後、福島第一原発が津波で全電源を喪失したと聞き、背筋が寒くなった。

「全電源を喪失するとポンプが動かなくなって核燃料を冷やせなくなる。チェルノブイリの事故が頭をよぎった。事故がどこまで拡大するか。避難をどうすべきか。天皇陛下に移動してもらわなければならないか。でも、パニックになるため口には出せなかった」

その後、原子力委員会の委員長に「最悪の場合どうなるのか、シミュレーションして欲しい」と依頼した。回答は「事故が拡大すれば、半径二五〇キロ圏内の住民が避難対象になる」というものだった。

「二五〇キロ圏には東京も入り、住んでいる人の数は約五〇〇〇万人。日本のほぼ半分が何十年と住めなくなれば、これはもう戦争以外ではちょっと考えられない」

原発事故の原因は何だったのでしょうか、と僕は当時の最高責任者に問うた。

「当時の政府も、その前の自民党時代の政府も、原発の安全神話に染まっていた。当時は原発業界の関係者で作られる『原子力村』と呼ばれるつながりがあり、ものすごく大きなカネと権力が原発を取り巻く原子力村に集まっていた」

理系宰相は、続けた。

「当時の電力会社は地域独占の民間企業で、規制する立場の経産省の役人に天下り先を提供する。原発事故前は本来コントロールされるべき電力会社が、逆に規制官庁や官僚をコントロールしていた。そういう原子力村の持っているいびつな権力構造によって、今回のような事故を結果として防げなかった。今も原子力村の力が相当強烈に残っていて、本来変わるべき方向に進むのを妨げている」

小玉重隆　撮影

江口和貴・撮影

先生のカメラ

元教師・馬場靖子《やすこ》（七九）は、カメラを抱えて旧津島村を駆け回っている。二二歳で教職に就き、二八歳で夫と結婚して移り住んで以来、津島小や浪江小に計二〇年間勤めた。

身長一四三センチ。小学校の高学年になると背丈を追い越され、教え子を見上げながら話さなければならない。だからだろうか、多くの教え子が親友のように接してくれた。毎日が宝石のような日々だった。

原発事故はそんな豊かな津島での暮らしのすべてを変えた。教え子たちは強制避難で散り散りになり、誰がどこに避難しているのかもわからない。東電に就職した教え子もいたが、事故直後、仮設住宅で母親に近況を尋ねると、「みんなに合わせる顔がなく、部屋に閉じこもっています」と告げられた。

避難先の学校で「放射能が伝染する」といじめられた子どもがいる。「東電から賠償金をもらっている」と陰口をたたかれた教え子がいる。そんな話を聞くたびに、あまりに不憫《ふびん》で涙があふれた。

ある時、思った。「子どもたちのためにも、『ふるさと』をしっかりと残さなければいけない。津島がどんな場所だったのか。教え子たちが思い出せるように」

以来、避難先に出向いたり、津島に立ち入ったりして、頻繁にシャッターを押すようになった。仮設住宅で必死に支え合って生きる住民たちがいる。故郷を元の姿に戻して欲しいと、裁判を起こして国や東電に立ち向かう人もいる。

震災直後の数年は、津島の風景に変化はなかった。でも年を追うごとに、民家は夏草に覆われて屋根が朽ち落ち、田んぼには楊《やなぎ》が林のように生い茂っていく。

いつからか、カメラと一緒に震災前の津島を写した写真も持ち歩くようになった。かつて教え子たちが里帰りした際に一緒に見返して笑えるようにと撮影した、地元の祭りや農作業の光景や文化祭に集う教え子たちの写真の数々。出会えた人に「昔はこんなに美しい場所だったのよ」と説明するために。それらは靖子にとって人生の「宝」だ。

冬、教え子たちと撮った思い出の写真を持って津島小に向かった。

「校舎は全然変わってないわ。目を閉じれば、今でも子どもたちの声が聞こえそう」

同行した僕に「どうか、こう記事に書いていただけませんか」と言った。

「元気？　津島は随分変わっちゃったけど、大丈夫。あなたたちの故郷は『美しい』。そう胸を張って思い出せるように、先生はみんなの思い出をしっかりと記録しておくからね」

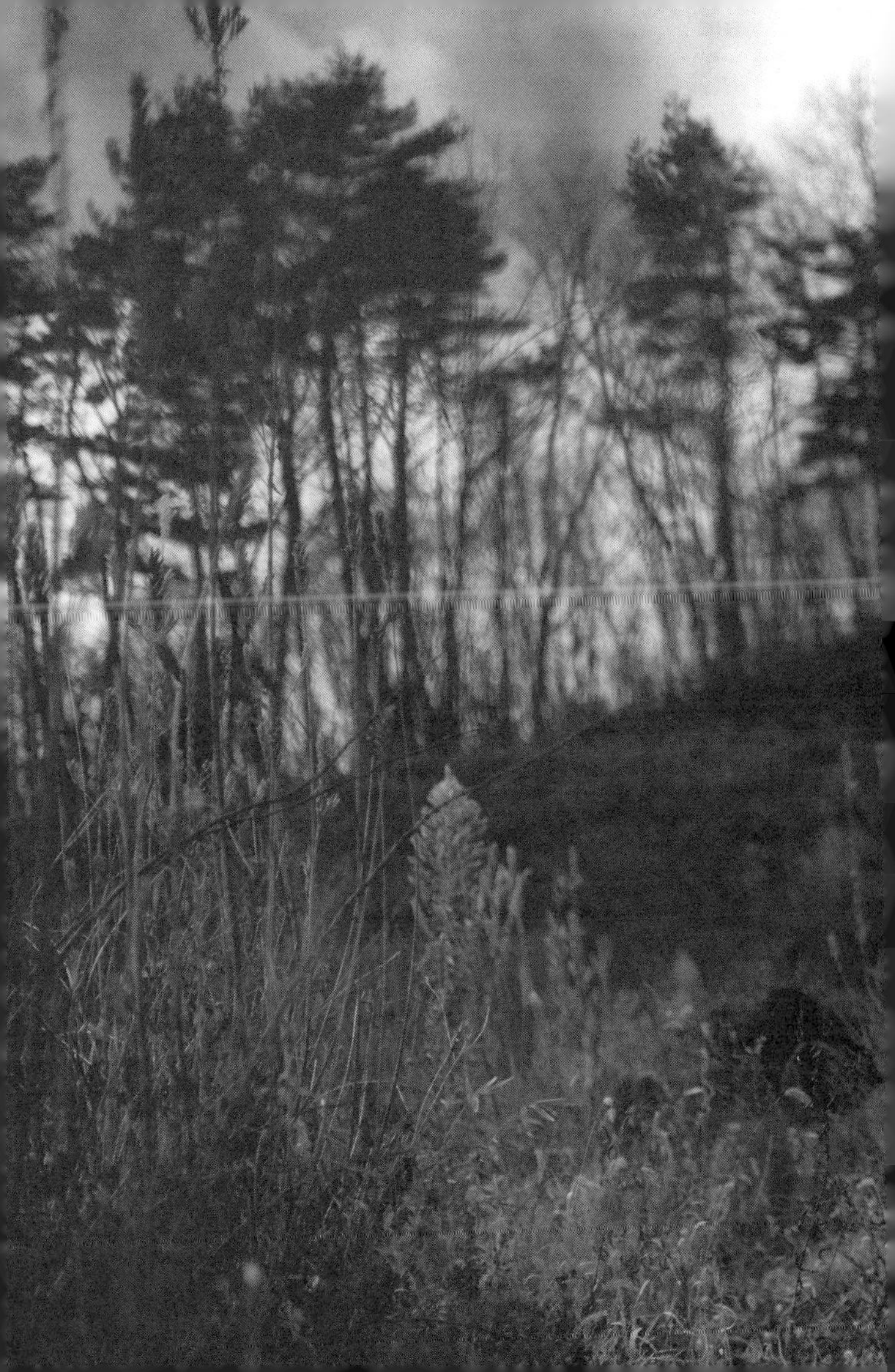

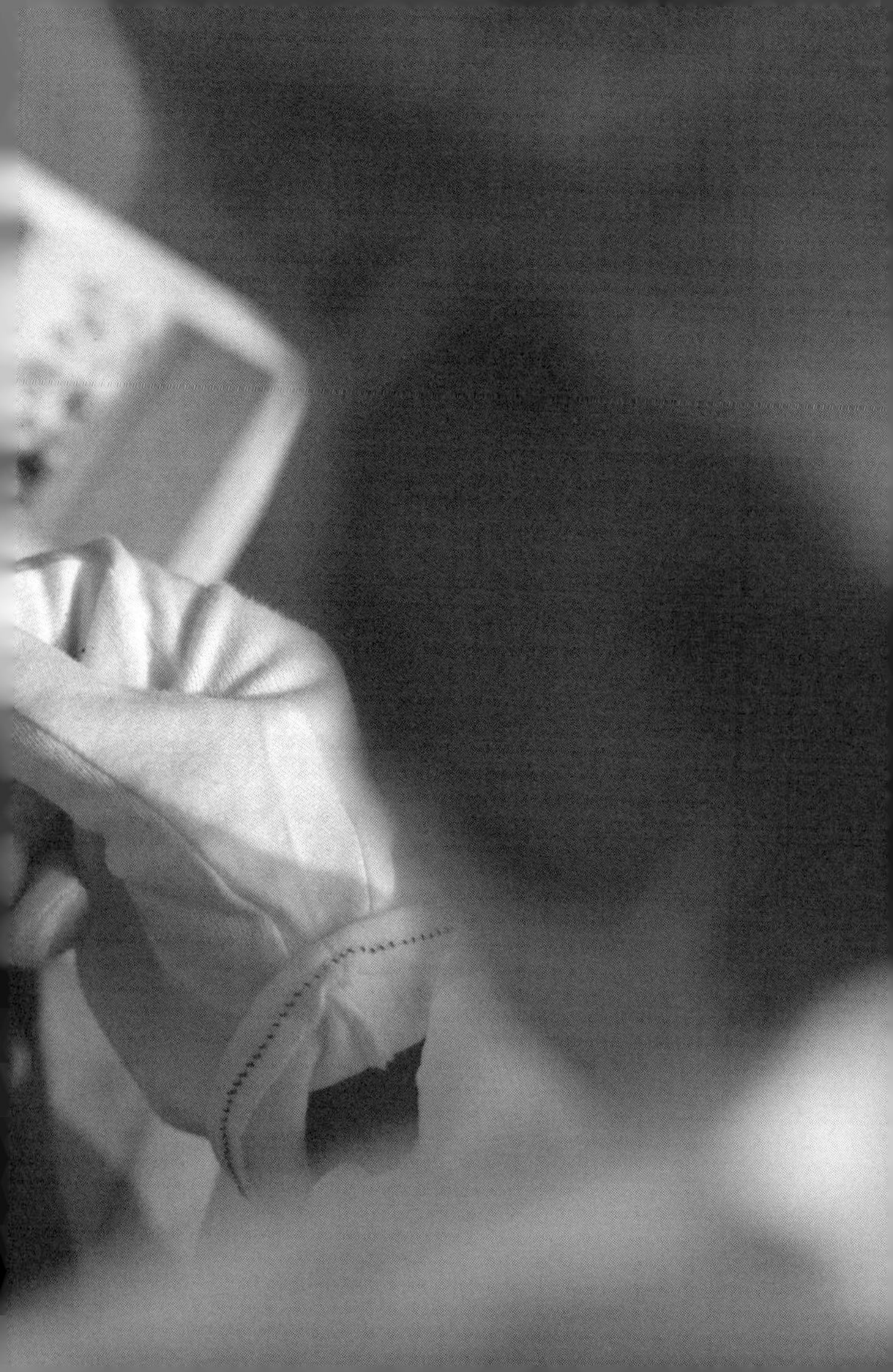

馬場靖子　提供

おわりに

「帰れない村」と呼ばれた福島県浪江町の津島地区に僕が取材で通い続けたのは、二〇一七年秋から二〇二一年春にかけてのことだった。百数十人の住民に出会い、時に泣いたり笑ったりしながら取材を続ける中で、どうしても一つだけ、記事にできなかったエピソードがあった。

震災の年の秋に亡くなった男性の話だ。

彼はサケが故郷の川にさかのぼって命を終えるように二〇一一年秋、避難先から旧津島村の自宅に戻って自殺した。

まだ五〇代だった。道路工事の会社に勤務し、両親の亡き後、実家に一人で暮らしていた。真面目な働き者と評判で、畑で花や野菜を作り、周囲の人にプレゼントすることが趣味だった。だからなのだろう、原発事故で自宅や畑を奪われ、長年一緒に暮らしていた集落の人々とも会えなくなった後、避難先となった親類宅で一人ふさぎ込むことが多くなった。

ある日、夕方になっても男性が戻らないのを不審に思った親族がカバンの中を調べてみると、避難指示区域に指定されている旧津島村への通行証がない。慌てて旧津島村の実家に向かうと、玄関のドアには鍵がかかっていて入れなかった。親族が入ろうとすると、先に部屋に入った警察官から「ちょっとその場でお待ちください」と制止された。部屋にははさみと包丁が置かれており、男性はそれを腹に突き刺して自死したようだと後に警察官から告げられた。

遺書はなかった。

「原発事故による死者はいない」と主張する国会議員がいる。

「放射能で病気になった福島県民はいない」と豪語する福島沿岸部の市長がいる。

でも、そうだろうか？

本当に、そうだろうか？

それらの言動を見聞きするたびに、僕はあの日自死した男性の姿が脳裏をかすめて胸が締め付けられるように苦しくなる。

旧津島村の人たちにとって故郷とは、自らが生まれ、育ち、遊び、祭りを楽しみ、恋に落ち、結婚し、子を産み、家族とともにこれからも暮らし続けていきたいと願う、唯一無二の土地だった。それほど大きく大切なものを予期せぬ理由で一方的に剝奪される経験は、あるいは「死」に直結するほどの痛みを伴うものではなかったか。

今年もまた三月一一日がやって来る。

震災一〇年を過ぎたあたりから、被災地を取り巻く日本の空気が——あるいはメディアの視線が——大きく変わった。

◇

日本には古くから「一〇年一昔」という言い回しがある。この国ではもう多くの人があの震災を過去のものだと思い込んでいないか。記憶から消し去ろうとしてはいないか。

でも、違う。

断じて違う。

旧津島村に限って言えば、住民は今も誰一人として自宅には戻れていない。「復興」どころか「復旧」さえも始まっていない。「村」の時計は「震災一〇年」でも「一一年」でもなく、まだ針が「ゼロ」で止まったままなのだ。


二〇一一年三月一一日午後二時四六分。

千年に一度と呼ばれる巨大な地震が発生し、東北地方の沿岸部を大津波が襲った。安全だと言われていた原発が爆発し、多くの人が故郷を追われた。

その延長線上に今、僕たちは生きている。

だから、忘れないでいよう。
もっともっと考えよう。
どうすれば、災害に強い社会を構築できるのか。
どうすれば、同じ過ちを繰り返さずにすむのか。

三月一一日は過去を振り返る記念日ではない。
それは未来について考える日だ。

二〇二一年一二月　福島県浪江町の「帰れない村」にて
三浦英之

本書は朝日新聞福島版や朝日新聞のデジタルサイト「withnews」で発表した記事や連載をまとめたものです。記事のダイジェストは二〇二一年一月一日と震災一〇年直前の三月七日にLINEニュースでも配信され、二〇二一年の「LINEジャーナリズム賞」を受賞しました。「withnews」で編集を担当していただいた丹治翔氏と、連載の文庫化に尽力していただいた集英社文庫編集部の田島悠氏、何より取材に応じていただいた多くの旧津島村の方々に心から感謝を申し上げます。

著者

本書は、朝日新聞と朝日新聞のデジタルサイト「withnews」（二〇二〇年九月十六日〜二〇二一年三月三十一日）に掲載されたものを加筆・修正したオリジナル文庫です。

登場する人物名は敬称略とし、年齢・役職等は取材当時のものです。

本文写真は、特に明記がないものは、すべて著者撮影です。

本文デザイン　斉藤啓（ブッダプロダクションズ）

集英社文庫

帰《かえ》れない村《むら》 福島県浪江町《ふくしまけんなみえちょう》「DASH村《だっしゅむら》」の10年《ねん》

2022年1月25日 第1刷　定価はカバーに表示してあります。

著 者 三浦英之《みうらひでゆき》
発行者 徳永 真
発行所 株式会社 集英社
東京都千代田区一ツ橋2-5-10 〒101-8050
電話 【編集部】03-3230-6095
【読者係】03-3230-6080
【販売部】03-3230-6393（書店専用）
印 刷 中央精版印刷株式会社 株式会社美松堂
製 本 中央精版印刷株式会社

フォーマットデザイン アリヤマデザインストア　マークデザイン 居山浩二

本書の一部あるいは全部を無断で複写・複製することは、法律で認められた場合を除き、著作権の侵害となります。また、業者など、読者本人以外による本書のデジタル化は、いかなる場合でも一切認められませんのでご注意下さい。

造本には十分注意しておりますが、印刷・製本など製造上の不備がありましたら、お手数ですが小社「読者係」までご連絡下さい。古書店、フリマアプリ、オークションサイト等で入手されたものは対応いたしかねますのでご了承下さい。

© The Asahi Shimbun Company 2022 Printed in Japan
ISBN978-4-08-744344-8 C0195